内蒙古自治区
大豆精细化农业气候区划
及气象灾害 风险评估

唐红艳　王惠贞　金林雪　等◎著

气象出版社
China Meteorological Press

内 容 简 介

　　本书为中国气象局气候变化专项"气候变化对内蒙古大豆气候适宜性的影响研究"和内蒙古自治区气象局防灾减灾项目"内蒙古精细化农牧业区划"的主要研究成果。全书针对国家战略背景下大豆播种面积增加、种植边界北移西扩、越区种植和气候风险增大的突出问题，以精细化气候资源区划为基础，阐述内蒙古大豆农业气候资源区划方法，大豆秋季霜冻灾害、干旱灾害风险评估与区划方法，气候变化对大豆生产影响评估方法，可为充分合理利用农业气候资源、科学布局大豆生产、降低大豆产量风险提供参考依据。

　　本书可为从事农业气象及相关行业的业务、科研人员提供参考和借鉴。

图书在版编目（ＣＩＰ）数据

内蒙古自治区大豆精细化农业气候区划及气象灾害风险评估 / 唐红艳等著. -- 北京 ：气象出版社，2024.2
ISBN 978-7-5029-8171-6

Ⅰ．①内… Ⅱ．①唐… Ⅲ．①大豆—气候区划—内蒙古②大豆—气象灾害—风险评价—内蒙古 Ⅳ.
①S565.101.922.6②P429

中国国家版本馆CIP数据核字(2024)第057036号

内蒙古自治区大豆精细化农业气候区划及气象灾害风险评估
Neimenggu Zizhiqu Dadou Jingxihua Nongye Qihou Quhua ji
Qixiang Zaihai Fengxian Pinggu

出版发行：气象出版社
地　　址：北京市海淀区中关村南大街 46 号　　邮政编码：100081
电　　话：010-68407112（总编室）　010-68408042（发行部）
网　　址：http://www.qxcbs.com　　Ｅ-mail：qxcbs@cma.gov.cn
责任编辑：黄海燕　　　　　　　　　终　　审：吴晓鹏
责任校对：张硕杰　　　　　　　　　责任技编：赵相宁
封面设计：楠竹文化
印　　刷：北京建宏印刷有限公司
开　　本：787 mm×1092 mm　1/16　　印　　张：9
字　　数：200 千字
版　　次：2024 年 2 月第 1 版　　　　印　　次：2024 年 2 月第 1 次印刷
定　　价：60.00 元

前　言

　　农业气候区划是根据对主要农业生物的地理分布、生长发育和产量形成有决定意义的农业气候区划指标,采用一定的区划方法,将某一区域划分为农业气候条件具有明显差异的不同等级的区域单元。可为决策者制定农业区划和农业发展规划,以及充分利用气候资源、避免和减轻不利气候条件的影响提供农业气候方面的科学依据。

　　内蒙古自治区早在20世纪60年代和80年代初开展过两次较大规模的农牧业气候资源区划工作,区划成果对当时合理利用气候资源、科学规划农牧业生产、合理布局产业结构等起到了重要的指导作用。由于受技术手段等因素影响,80年代只开展了内蒙古自治区农牧林业气候区划和气候分区,区划成果相对宏观、粗线条,而且未涉及具体作物种植区划。2000—2006年内蒙古自治区气象部门开展了第三次农牧林业气候资源区划工作,利用3S(地理信息系统(GIS)、遥感(RS)、全球定位系统(GPS))等新技术、新方法,开展了精细化的农牧林业气候资源区划及玉米、大豆、马铃薯等大宗作物区划,精细化程度明显提升。但由于种种原因,当时只有少数盟(市)气象部门开展了此项工作,而在自治区层面尚未开展此项工作。虽然盟(市)的区划成果在当地农牧林业结构调整、农牧林各业区划、农作物品种布局等方面起到了较好的参考作用,但由于各盟(市)区划方法不统一、历史气候数据应用不规范、3S技术应用水平相对较低,导致相邻盟(市)区划成果衔接不上,对内蒙古整体农业结构调整指导性不强。近年来,由于气候变暖,农业气候资源及农作物种植结构和布局发生了变化,过去的区划成果已经不能满足现代农业生产布局需求,迫切需要开展新形势下农业气候资源区划、作物区划及灾害风险区划,满足不断变化的农业生产布局调整,尤其是在农业供给侧结构性改革背景下,更需要提供精细化的气候区划,最大限度发挥区域气候资源优势。

　　大豆是重要的粮食作物和经济作物之一,也是植物油和优质植物蛋白的重要来源。大豆起源于我国,至今已有五千多年的种植历史,20世纪50年代以前,我国是世界上最大的大豆生产国和出口国,目前已成为世界上最大的大豆进口国家,供需矛盾日益突出。内蒙古自治区主要种植春大豆,其种植面积占全国的12%,仅次于黑龙江省,全国排名第二。2020年,内蒙古自治区大豆种植面积达到120.2万 hm^2,比2015年的53万 hm^2 增加一倍多,大豆平均单产仅为1950 kg/hm^2。大豆产量多少及质量优劣除受其自身品种特性影响外,还受诸如土壤、气候等环境条件影响,其中环境气象条件对大豆种植地区及适生品种影响比较明显。由于各地区的气候差异,有些地区种植大豆能够获得较高产量和质量,而有些地区因为气象条件的制约导致大豆产量和质量较低,甚至同一大豆品种在不同地区种植其产量和质量也会有很大差异。另外,随着气候变暖,大豆种植界线向北推移,极早熟和早熟品种面积扩大,秋季霜冻风险加大,增加了大豆生产的不稳定性和粮食安全风险。研究内蒙古自治区大豆农业气候区划和灾害风险区划,不仅能够提升全区大豆气象服务能力,而且对于充分合理利用农业气候资源、科学布局大豆生产、降低大豆产量风险和优化调整种植业结构都具有重要参考意义。

本书各章节主要执笔人如下:第1章1.1—1.3节由唐红艳、张超群执笔;1.4节由牛冬执笔;第2章由唐红艳、牛冬执笔;第3章由唐红艳、刘伟执笔;第4章由唐红艳、王惠贞执笔;第5章由唐红艳、金林雪执笔;第6章6.1—6.3节由唐红艳执笔,6.4节由唐红艳、段晓凤执笔,6.5节由唐红艳、曲学斌执笔。全书统稿由唐红艳完成。

书中难免有不足之处,敬请读者批评指正。

作者

2023 年 11 月

目 录

第1章 内蒙古自治区自然地理及气候概况

1.1 自然地理概况

内蒙古自治区位于中国北部边疆（37°24′~53°23′N,97°12′~126°04′E）,由东北向西南斜伸,呈狭长形。东西直线距离 2400 km,南北最大跨度 1700 km。横跨东北、华北、西北三大区,内与黑龙江、吉林、辽宁、河北、山西、陕西、宁夏、甘肃 8 省(区)相邻,外与俄罗斯、蒙古国接壤,边境线 4200 km。土地总面积 118.3 万 km^2,占全国陆地总面积的 12.3%,在全国各省(区、市)中名列第三位。内蒙古自治区基本上是一个高原型的地貌区,大部分地区海拔超过 1000 m。除东南部外,基本是高原,由呼伦贝尔、锡林郭勒、巴彦淖尔—阿拉善及鄂尔多斯等高平原组成,内蒙古自治区高原是中国四大高原中的第二大高原。除了高原以外,还有山地、丘陵、平原、沙漠、河流、湖泊。高原四周分布着大兴安岭、阴山(狼山、色尔腾山、大青山、灰腾梁)、贺兰山等山脉,构成内蒙古自治区高原地貌的脊梁。内蒙古自治区高原西端分布有巴丹吉林、腾格里、乌兰布和、库布其、毛乌素等沙漠,总面积 15 万 km^2。在大兴安岭的东麓、阴山脚下和黄河岸边,有嫩江西岸平原、西辽河平原、土默川平原、河套平原及黄河南岸平原。这里地势平坦、土质肥沃、光照充足、水源丰富,是内蒙古自治区的粮食和经济作物主要产区。在山地与高平原、平原的交界地带,分布着黄土丘陵和石质丘陵,其间杂有低山、谷地和盆地分布,水土流失较严重,属于典型的农牧林交错带,农作物主要以玉米、大豆、马铃薯、小麦、谷子、向日葵和杂粮杂豆为主。

内蒙古自治区由蒙、汉、满、回、达斡尔、鄂温克、鄂伦春、朝鲜等 55 个民族组成。2022 年,全区年末常住人口 2401.17 万,比 2021 年末增长 1.17 万。其中,城镇人口 1647.20 万,乡村人口 753.97 万。

内蒙古自治区春大豆主要分布在大兴安岭东南麓的呼伦贝尔市、兴安盟、通辽市和赤峰市,种植面积占全区大豆总面积的 97% 左右,是内蒙古自治区的大豆主产区。大兴安岭位于中国东北边陲,贯穿内蒙古自治区东北部,呈东北—西南走向,是东北地区重要的生态屏障和气候分水岭。内蒙古自治区大兴安岭东南麓位于大兴安岭东南坡,地处(41°17′~53°20′N,116°21′~126°10′E),海拔高度 200~1500 m。地形由东南向西北阶梯状抬升,形成西北部山区、中部浅山丘陵区、东南部平原区的地形特点,西北部山区以林牧业为主,浅山丘陵区和东南部平原以农业为主。由于独特的地理位置和地形、地势,形成了大兴安岭东南麓和西北麓特殊的气候和下垫面格局,立体气候特征明显。随着大兴安岭海拔高度的升高,大兴安岭东南麓从南到北生态格局依次为农业、农牧林交错带和林业,大兴安岭西北麓依次为牧业、农牧林交错带和林业。内蒙古自治区大兴安岭东南麓共有 29 个旗(县、区),包括呼伦贝尔市东南部的扎兰屯市、阿荣旗、莫力达瓦达斡尔族自治旗、鄂伦春自治旗,兴安盟的乌兰浩特市、科尔沁右翼前旗、科尔沁右翼中旗、扎赉特旗、突泉县,通辽市科尔沁区、科尔沁左翼中旗、科尔沁左翼后旗、库伦旗、奈曼旗、开鲁县、扎鲁特旗、霍林格勒市,赤峰市的松山区、红山区、元宝山区、翁牛特旗、喀喇沁旗、宁城县、敖汉旗、巴林左旗、巴林右旗、林西县、阿鲁科尔沁旗、克什克腾旗。该区域主要种植玉米、大豆、水稻、谷子和杂粮杂豆等,粮食作物面积 500.7 万 hm²,占全区粮食作物总面积的 73%。其中,玉米种植面积 273.0 万 hm²,占全区玉米种植面积的 71%,大豆面积 115.4 万 hm²,占全区大豆种植面积的 97%,水稻种植面积 15.3 万 hm²,占全区水稻种植面积的 95%,谷子种植面积 23.8 万 hm²,占全区谷子种植面积的 94%(2020 年),是内蒙古自治区的主要粮食产区。

1.2 气候概述

内蒙古自治区地域辽阔,地形复杂,东西跨度大。全区由于地理位置和地形的影响,形成以温带大陆性季风气候为主的复杂多样的气候。春季气温骤升,多大风天气;夏季短促温热,降水集中;秋季气温剧降,秋霜冻往往过早来临;冬季漫长严寒,多寒潮天气。大兴安岭和阴山山脉是全区气候差异的重要自然分界线,大兴安岭东南麓地区水热条件相对充沛,匹配较好,适宜农牧林业生产。内蒙古自治区年平均气温 $-4.1 \sim 10.1$ ℃,稳定$\geqslant 10$ ℃活动积温 $1427 \sim 3987$ ℃·d,年降水量 $32.8 \sim 558.2$ mm,年蒸发量 $909.5 \sim 4281.1$ mm,日最低气温>2 ℃无霜期 $43 \sim 169$ d,光照充足。东北部地区降水较多,气候相对湿润,雨热同季;西部地区光热充足,干旱少雨,降水量少,蒸发大。

内蒙古自治区大豆主产区属中温带大陆性季风气候,热量资源欠缺、水分资源相对充沛,雨热同季。大部分农田属于浅山丘陵区,水利设施不完善,抗旱能力相对较差,农业以靠天吃饭为主,是典型的气候变化敏感区和脆弱区。以 1991—2020 年气候标准统计值为准(下同),大兴安岭东南麓地区年平均气温 -0.1(鄂伦春自治旗)~ 7.8 ℃(赤峰市区),稳定$\geqslant 10$ ℃活动积温 1794.3(博克图)~ 3414.5 ℃·d(通辽市区),日最低气温>2 ℃无霜期 90(博克图)~ 169 d(库伦旗),年降水量 317.8(高力板)~ 567.5 mm(鄂伦春自治旗),全年日照时数 2497.1(阿荣旗)~ 3120.5 h(阿鲁科尔沁旗)。由于受大兴安岭地形影响,随着海拔高度的升高,热量资源自南向北依次递减,热量资源南北差异大,降水量自南向北依次递增,降水量年际变化大,立体气候特征明显,水热矛盾突出,地区间差异最大的是热量资源。该区域雨热同季,光照充足,适宜发展农牧林业生产。

1.3　大豆主产区四季气候特征简述

1.3.1　春季(3—5 月)

气温变化大,降水少,多大风天气,干旱频率高,干旱是本季对农业生产影响最严重的灾害。

春季气温回升较快,3—4 月平均每天升温 0.33 ℃左右。春季平均气温为 7.3 ℃,日最低气温≤0 ℃终霜平均日期为 4 月 27 日。春季平均降水量 59.9 mm,占全年降水量的 15%,大部分年份降水量不能满足春播需要。春季干旱发生频率高,几乎每年都有发生且覆盖范围最广。1999—2006 年春季平均降水量只有 45.1 mm,且呈减少趋势,2007 年以来春季降水量又呈增加趋势,2007—2020 年春季平均降水量达到 70.0 mm。春季,干旱是最突出的农业气象灾害,影响大豆适时播种和抓全苗。春季对农业生产影响较大的气象灾害还有阶段性低温、倒春寒、霜冻等,应重点关注并加以防范。

1.3.2　夏季(6—8 月)

短促温热,降水集中,雨热同季,干旱、洪涝、冰雹均有发生,干旱是本季对农业生产影响最严重的灾害。

夏季平均气温为 21.5 ℃,平均降水量为 286.2 mm,占全年降水量的 69%。夏季光热充足,水分年际变率大,阶段性干旱和局地洪涝灾害几乎年年发生,尤其发生伏旱造成农业损失巨大。伏旱发生在大豆需水关键期,正值大豆开花、鼓粒期,如遇干旱造成大豆授粉不良、灌浆不足,会严重影响大豆产量。夏季一旦发生干旱,对农业生产造成的损失也是最大的。另外,夏季还需关注冰雹、洪涝(山洪)、低温冷害等气象灾害。

1.3.3　秋季(9—11 月)

降温快,霜冻偏早,降水逐渐减少,光照充足。

秋季气温急剧下降,平均每天降温 0.31 ℃左右。伴随冷空气活动,初霜降临,偏早年份使大田作物遭受霜冻危害。秋季平均气温 5.7 ℃,日最低气温≤0 ℃初霜平均日期为 10 月 2 日。秋季平均降水量 60.6 mm,占全年降水量的 15%。虽然也发生干旱,但对农牧业生产影响不大,如果发生夏、秋连旱,对农牧业生产造成的损失比较严重。秋季需要重点关注霜冻对大豆鼓粒—成熟的影响,尤其春季晚播的大豆发育期偏晚,贪青晚熟容易遭受霜冻袭击,造成大豆灌浆停止或者受冻死亡,严重影响产量和品质。秋季还需关注秋雨偏多对机械收割的不利影响,以及大风天气造成作物倒伏给机械收割带来的不利影响。

1.3.4 冬季(12月—次年2月)

寒冷,坐冬雪持续时间长。

冬季寒冷,冷空气活动频繁,多寒潮大风天气。冬季平均气温-12.0 ℃,呼伦贝尔岭东南地区冬季平均气温基本在-15 ℃以下,小二沟冬季平均气温达到-20.7 ℃,寒冷季节长达7个月左右。冬季平均降水量6.5 mm,降水分布不均匀,大兴安岭山地整个冬季被积雪覆盖,坐冬雪持续时间长。

1.4 大豆主产区农业气候资源变化特征

内蒙古自治区春大豆主要分布在大兴安岭东南麓的呼伦贝尔市、兴安盟、通辽市和赤峰市,种植面积占全区大豆种植总面积的97%左右,是内蒙古自治区的大豆主产区。≥10 ℃活动积温是衡量一个地区热量资源多少的主要指标,也是大豆生长发育的主要限制条件之一。1991—2020年大豆主产区≥10 ℃初日在4月29日,终日在9月28日,≥10 ℃活动积温2945.4 ℃·d。由图1.1可见,大兴安岭东南麓地区≥10 ℃活动积温由东南向西北逐渐递减,东南部平原超过3000 ℃·d,西北部山区小于2000 ℃·d,东南部和西北部≥10 ℃活动积温差超过1000 ℃·d,立体气候特征明显。其中,兴安盟东南部、通辽市东

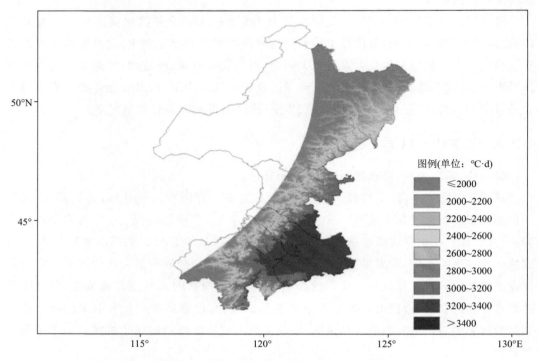

图1.1 1991—2020年大兴安岭东南麓≥10 ℃活动积温空间分布

南部、赤峰市东部≥10 ℃活动积温超过 3000 ℃·d,呼伦贝尔市东南部农区、兴安盟中
部、通辽市东北部、赤峰市中部≥10 ℃活动积温 2600～3000 ℃·d,呼伦贝尔市大兴安岭
两侧农牧林交错带、兴安盟西北部、通辽市西北部、赤峰市中部偏西地区≥10 ℃活动积温
2000～2600 ℃·d,呼伦贝尔市、兴安盟大兴安岭海拔较高地区、通辽市西北部、赤峰市克
什克腾旗高海拔地区≥10 ℃活动积温小于 2000 ℃·d。

1.4.1　大豆主产区年平均气温变化特征

1961—2020 年(60 a)大兴安岭东南麓地区年平均气温变化趋势(图 1.2)表明,年
平均气温在波动中呈逐渐上升趋势(通过 0.01 的显著性检验),气温随年代升高的线
性拟合倾向率为 0.32 ℃/(10 a),R^2 达到 0.4899,说明年平均气温的线性升高趋势比
较明显。

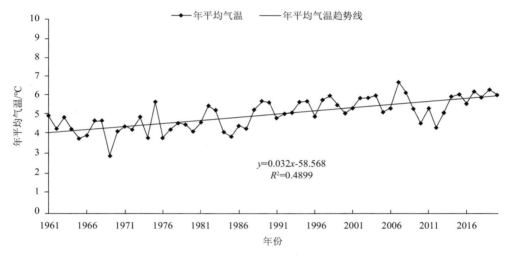

图 1.2　1961—2020 年大兴安岭东南麓年平均气温变化

以 1990 年为界,分析前、后 30 a 的变化发现,大兴安岭东南麓地区年平均气温明显
升高。1991—2020 年与 1961—1990 年相比,年及各季节平均气温均呈升高趋势。升温
最明显的是冬季,平均气温升高 1.30 ℃;其次是春季,气温升高 1.26 ℃;夏季气温升高
0.87 ℃;升温幅度最小的是秋季,气温升高 0.82 ℃(表 1.1)。

表 1.1　1961—2020 年大兴安岭东南麓年和四季平均气温变化　　　　　单位:℃

时段	全年	春季	夏季	秋季	冬季
1961—1990 年	4.58	6.05	20.68	4.90	−13.29
1991—2020 年	5.63	7.30	21.54	5.70	−12.01
1991—2020 年与 1961—1990 年相比	1.05	1.26	0.87	0.82	1.30

1.4.2 大豆主产区≥10 ℃初、终日及活动积温变化特征

通常以日平均气温≥10 ℃活动积温作为大豆生长发育的热量指标。春季日平均气温≥10 ℃,标志着当地大田作物普遍开播,日平均气温≥10 ℃初、终日持续期适于当地农作物生长发育,俗称作物生长期。日平均气温≥10 ℃活动积温是衡量地区热量资源的重要指标,不仅制约农作物生长期的长短,而且直接影响农作物的生长发育和产量形成。

大兴安岭东南麓地区日平均气温≥10 ℃初日一般出现在 4—5 月,平均日期为 4 月 29 日,终日出现在 9—10 月,平均日期为 9 月 28 日,≥10 ℃活动积温 2945.4 ℃·d。

1961—2020 年(60 a)大兴安岭东南麓地区≥10 ℃活动积温变化趋势(图 1.3)表明,≥10 ℃活动积温在波动中呈逐渐增大趋势(通过 0.01 的显著性检验),≥10 ℃活动积温随年代的变化率为 61.076 ℃/(10 a),R^2 达到 0.3741,说明≥10 ℃活动积温的线性上升趋势比较明显。

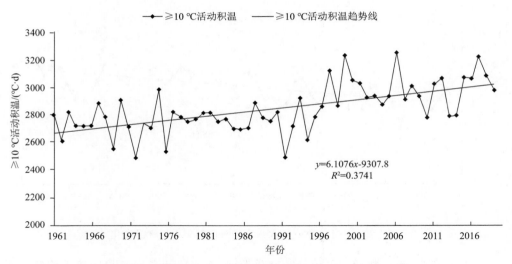

图 1.3　1961—2020 年大兴安岭东南麓≥10 ℃活动积温变化

以 1990 年为界,分析前、后 30 a 的变化发现,大兴安岭东南麓地区≥10 ℃活动积温明显增加。1991—2020 年与 1961—1990 年相比,≥10 ℃活动积温增加 192.1 ℃·d,≥10 ℃初日提前 2 d、终日推迟 3 d,≥10 ℃持续日数延长 5 d(表 1.2)。分析表明,近60 a,≥10 ℃初日呈逐渐提前、≥10 ℃终日呈逐渐推迟的趋势,≥10 ℃活动积温明显增加。

表 1.2　1961—2020 年大兴安岭东南麓≥10 ℃初、终日日序及活动积温变化

时段	≥10 ℃初日日序	≥10 ℃终日日序	≥10 ℃活动积温/(℃·d)
1961—1990 年	123.0	270.0	2753.3
1991—2020 年	120.8	272.9	2945.4
1991—2020 年与 1961—1990 年相比	−2.3	+2.8	192.1

进一步分析表明,1961—2020 年的 60 a 中,≥10 ℃活动积温超过 3000 ℃·d 的年份有 12 a(占 20%),2000 年以来,≥10 ℃活动积温超过 3000 ℃·d 的年份有 11 a(占52%),说明 2000 年以来,热量资源增加趋势明显,且有加速增加的趋势。

1.4.3　大豆主产区日最低气温≤0 ℃初、终日及无霜期变化特征

一般以日最低气温≤0 ℃作为大豆霜冻指标。依据出现的季节划分为春霜冻和秋霜冻。其中春季最后一场霜冻称为终霜冻,秋季最早一场霜冻称为初霜冻。终霜冻的最后一天称为终日,初霜冻的第一天称为初日,终霜冻后一日至初霜冻前一日这段没有霜冻的时期称为无霜期,也是大豆生长期。

大兴安岭东南麓地区终霜冻一般出现在 4—5 月,1991—2020 年终霜平均日期为 4月 27 日。初霜冻出现在 9—10 月,初霜平均日期为 10 月 2 日,平均无霜期为 157 d。

由 1961—2020 年 60 a 年无霜期日数变化趋势(图 1.4)可见,无霜期在波动中呈逐渐延长趋势,无霜期随年代延长的变化率为 3.186 d/(10 a),R^2 达到 0.4834,通过 0.01 的显著性检验,说明无霜期的线性延长趋势显著。

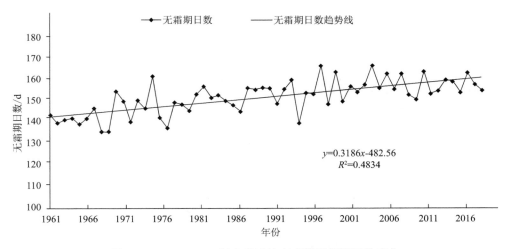

图 1.4　1961—2020 年大兴安岭东南麓无霜期日数变化

以 1990 年为界,分析前、后 30 a 的变化发现,大兴安岭东南麓地区日最低气温>0 ℃无霜期明显延长。1991—2020 年与 1961—1990 年相比,日最低气温≤0 ℃终日提前 6 d,初日推迟 3 d,无霜期延长 9 d(表 1.3)。

表 1.3　1961—2020 年大兴安岭东南麓日最低气温≤0 ℃初、终日日序及无霜期变化

时段	≤0 ℃终日日序	≤0 ℃初日日序	>0 ℃无霜期/d
1961—1990 年	125.4	271.4	147.0
1991—2020 年	119.4	274.8	156.4
1991—2020 年与 1961—1990 年相比	−6.0	+3.4	+9.4

7

进一步分析表明,1961—1980 年的 20 a,无霜期日数超过 160 d 的年份只有 1 a(占 5%),1981—2000 年的 20 a,无霜期日数超过 160 d 的年份只有 3 a(占 15%),而 2001 年以来,无霜期日数超过 160 d 的年份有 6 a(占 30%),说明 2001 年以来,无霜期日数延长趋势明显,且有加速延长的趋势。

1.4.4 大豆主产区降水量变化特征

1961—2020 年大兴安岭东南麓地区年降水量变化趋势不明显,5 阶多项式拟合相关系数仅为 0.1467,未通过显著性检验,说明降水量的波动是气候自然波动的结果(图 1.5)。由图可见,1961—1970 年平均降水量为 408.2 mm,1971—1980 年降水量呈减少趋势,平均降水量为 394.9 mm,1981—1990 年和 1991—2000 年降水量呈增加趋势,为多雨时期,平均降水量分别为 434.2 mm 和 434.8 mm,2001—2010 年降水量又呈减少趋势,平均降水量为 359.9 mm,2011—2020 年降水量又呈增加趋势,平均降水量为 444.3 mm。

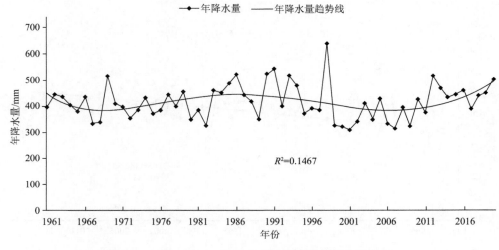

图 1.5   1961—2020 年大兴安岭东南麓年降水量变化

1961 年以来,最大年降水量出现在 1998 年,为 635.7 mm;最小降水量出现在 2001 年,为 305.7 mm;最大值为最小值的 2 倍多,而且极端降水事件都出现在最近 20 多年,说明干旱和洪涝呈趋多趋强趋势。

第2章　内蒙古自治区大豆生产概况

2.1　大豆生产现状

　　大豆是关系国计民生的重要基础性、战略性物资,在农产品贸易领域扮演着举足轻重的角色。大豆是重要的粮食作物和经济作物之一,是人类不可缺少的蛋白来源,也是畜牧业、养殖业饲料的主要成分。大豆起源于我国,至今已有五千多年的种植历史。20世纪50年代以前,我国是世界上最大的大豆生产国和出口国,目前成为世界上最大的大豆进口国家。我国是全球最大的大豆消费国,随着国民生活水平的提高,大豆需求量激增,国产大豆受进口大豆挤占国内市场以及其他高产作物的竞争优势等因素影响,种植面积持续萎缩,远远无法满足国内需求,是我国供需缺口最大的农产品,进口依赖度不断提高,供需矛盾日益突出。

　　内蒙古自治区春大豆种植面积占全国的 12%,仅次于黑龙江省,位居全国第二。2019 年内蒙古自治区大豆种植面积达到 118.9 万 hm^2,大豆平均单产仅为 1905 kg/hm^2,大豆产量低而不稳。除阿拉善盟、锡林郭勒盟及乌海外,其他盟(市)或多或少都有种植,但主要分布在大兴安岭东南麓的呼伦贝尔市、兴安盟、通辽市和赤峰市,种植面积占全区大豆总面积的 97% 左右,是内蒙古自治区大豆主产区。由于特殊的地理位置和气候条件,大兴安岭东南麓大豆种植历史悠久,是内蒙古自治区优质大豆的优势区,并以优质大豆而著称。

　　大豆主产区内共有气象观测站 38 个,大豆农业气象观测站 2 个,并且该区域均处在大兴安岭东南麓,大地形基本一致,气候变化规律和下垫面性质具有较高的一致性。从各旗(县)大豆种植面积分布来看,种植面积最大的旗(县)主要分布在呼伦贝尔市的莫力达瓦达斡尔族自治旗、鄂伦春自治旗、阿荣旗、扎兰屯市和兴安盟的扎赉特旗等旗(县),中西部地区虽然有种植,但种植规模很小,不足 6666.7 hm^2。种植面积最大的是莫力达瓦达斡尔族自治旗,达到 37.4 万 hm^2;其次是鄂伦春自治旗,种植面积 27.9 万 hm^2;种植面积较大的还有阿荣旗和扎兰屯市,面积分别为 16.9 万 hm^2 和 8.4 万 hm^2(2019年)(图 2.1)。

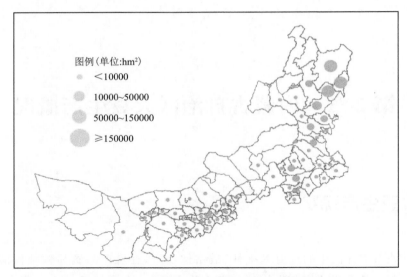

图 2.1　2019 年内蒙古自治区旗（县）大豆种植面积分布

2.2　大豆主产区种植面积和产量变化特征

2.2.1　大豆主产区种植面积和单产时间变化特征

1987—2020 年大兴安岭东南麓大豆种植面积总体呈波动增加趋势（图 2.2），2006 年面积为 96.1396 万 hm²，达到 1987 年以来的历史最高水平；2007—2014 年大豆种植面积呈波动下降趋势，平均面积只有 68.7 万 hm²，至 2014 年下降到 47.4 万 hm²，是近 20 年的最低值；2015 年随着农业供给侧结构性改革政策实施，大豆种植面积呈持续增加趋势，到 2020 年大豆种植面积达到 115.4 万 hm²，为 2015 年以来最大值。

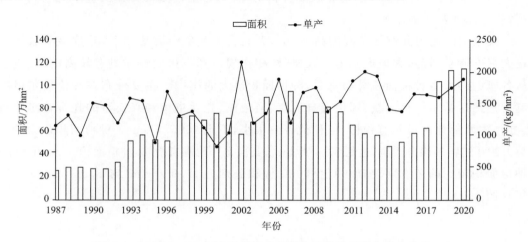

图 2.2　1987—2020 年大兴安岭东南麓大豆种植面积和单产变化

　　大兴安岭东南麓大豆平均单产年际间波动明显,总体呈波动增加趋势(图 2.2),最低值出现在 2000 年($839\ kg/hm^2$),最高值出现在 2002 年($2161\ kg/hm^2$)。1987—2000 年大豆单产呈波动变化趋势,平均单产 1300.8 kg/hm^2;2001—2012 年大豆单产呈波动上升趋势,平均单产 1600.1 kg/hm^2;2013—2015 年又呈波动下降趋势,平均单产 1589.6 kg/hm^2;2016 年开始大豆单产呈增加趋势,2016—2020 年平均单产 1674.9 kg/hm^2。

2.2.2　典型盟(市)大豆种植面积和单产时间变化特征

　　内蒙古自治区大豆种植面积的 90% 分布在呼伦贝尔市和兴安盟,其中呼伦贝尔市占 80% 左右,兴安盟占 10% 左右,选择呼伦贝尔市和兴安盟作为大豆分布的典型盟(市)。

　　呼伦贝尔市是内蒙古自治区大豆种植面积最大的盟(市),2020 年大豆种植面积达到 94.2 万 hm^2。大豆种植面积和单产变化结果(图 2.3)表明,1979—2006 年大豆种植面积呈波动增大趋势,2007—2014 年呈持续减少趋势,2014 年种植面积降到 40.6 万 hm^2,是 1997 年以来的最低值,2015 年随着农业供给侧结构性改革政策实施,大豆种植面积呈持续增大趋势,与大兴安岭东南麓大豆种植面积变化趋势基本一致。呼伦贝尔市大豆单产呈波动变化,总体看没有明显的变化趋势。2003 年为单产最低值($605\ kg/hm^2$),2013 年为单产最高值($2308\ kg/hm^2$)。

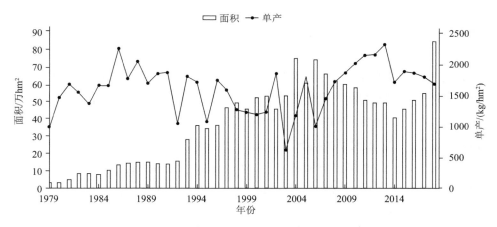

图 2.3　1979—2018 年呼伦贝尔市大豆种植面积和单产变化

　　兴安盟是内蒙古自治区大豆种植面积第二大盟(市),2020 年大豆种植面积达到 12.5 万 hm^2。兴安盟大豆种植面积和单产变化结果(图 2.4)表明,1987—2000 年大豆种植面积总体呈波动增大趋势,最高值出现在 2000 年(12.2 万 hm^2),2001—2003 年种植面积呈持续减小趋势,2004—2009 年又呈波动增大趋势,2010—2015 年又呈持续减小趋势,2015 年面积下降到 3.2 万 hm^2,是 1987 年以来的最低值,2016 年开始大豆种植面积呈持续增大趋势。兴安盟大豆单产 2001 年前呈波动下降趋势,2001 年后呈波动上升趋势;2001 年为单产最低值($580\ kg/hm^2$),1996 年为单产最高值($2168\ kg/hm^2$)。

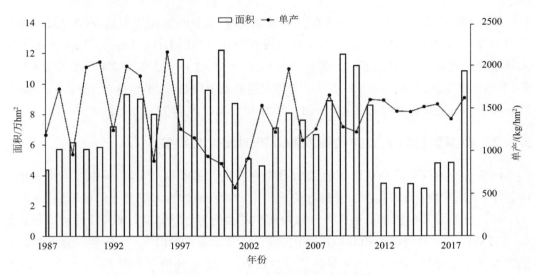

图 2.4　1987—2018 年兴安盟大豆种植面积和单产变化

2.2.3　典型旗(县)大豆种植面积和单产时间变化特征

　　呼伦贝尔市大豆种植面积较大的旗(县)依次为莫力达瓦达斡尔族自治旗、鄂伦春自治旗、阿荣旗、扎兰屯市,兴安盟大豆种植面积较大的旗(县)依次为科尔沁右翼前旗、扎赉特旗、科尔沁右翼中旗,以上述旗(县)作为典型旗(县)用于分析大豆种植面积和单产时间变化特征。

　　莫力达瓦达斡尔族自治旗是内蒙古自治区大豆种植面积最大的旗(县),素有中国大豆之乡的美誉,种植大豆是当地农民收入的主要来源。2022 年大豆种植面积达到 35.4 万 hm²,总产达到 81.6 万 t。1979—2006 年大豆种植面积呈波动增大的趋势,2007—2013 年大豆种植面积相对稳定,2014 年大豆面积下降到 20.6 万 hm²,是 2003 年以来的最低值,2015 年大豆面积开始回升,至 2018 年已经回升到 35.39 万 hm²。1979—1991 年大豆单产呈小幅波动,1992 年之后出现一个快速增大的趋势,大豆单产总体呈波动增大趋势(图 2.5)。

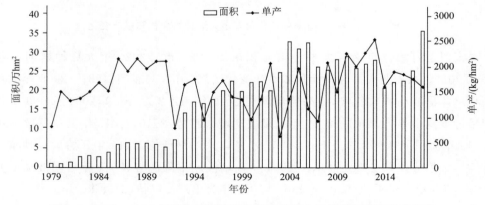

图 2.5　1979—2018 年莫力达瓦达斡尔族自治旗大豆种植面积和单产变化

鄂伦春自治旗是内蒙古自治区大豆种植面积第二大旗(县),2022 年大豆种植面积达到 26.6 万 hm²,总产达到 44.85 万 t。1979—2004 年大豆种植面积呈波动增大趋势,2005 年开始呈波动下降趋势,至 2014 年降至最低点 12.16 万 hm²,2015 年大豆种植面积开始回升,至 2018 年升至 26.24 万 hm²。1979—1991 年大豆单产呈波动增大趋势,1992—2009 年大豆单产呈波动下降趋势,2010—2018 年大豆单产又呈波动增大趋势。1979—2018 年大豆单产总体呈波动增大趋势(图 2.6)。

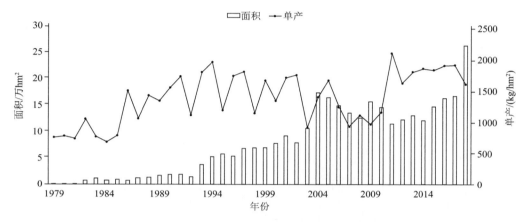

图 2.6　1979—2018 年鄂伦春自治旗大豆种植面积和单产变化

阿荣旗是内蒙古自治区大豆种植面积第三大旗(县),2022 年大豆种植面积达到 18.99 万 hm²,总产达到 42.5 万 t。阿荣旗 1979—2000 年大豆种植面积总体呈增大趋势,2001—2011 年大豆种植面积相对稳定,2012 年开始大豆种植面积呈持续减小趋势,至 2014 年降到最低点,仅为 6 万 hm²,2018 年开始又呈大幅度增加趋势,2018 年达到 15.7 万 hm²。阿荣旗大豆单产 1988 年前及 2003 年后基本呈增大趋势,其中 2013 年单产最高为 2687 kg/hm²;1989—2003 年呈波动下降趋势,其中 2003 年单产最低,为 304 kg/hm²(图 2.7)。

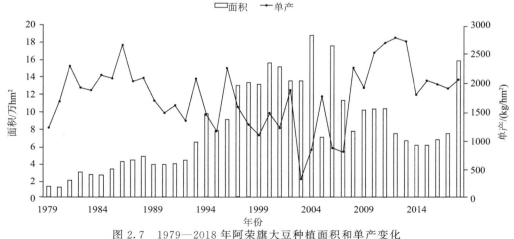

图 2.7　1979—2018 年阿荣旗大豆种植面积和单产变化

扎兰屯市是内蒙古自治区大豆种植面积第四大旗（县），2022 年大豆种植面积达到 8.76 万 hm²，总产达到 15.35 万 t。1979—2000 年扎兰屯市大豆种植面积总体呈增大趋势，2001—2006 年大豆种植面积呈波动变化，2007—2014 年大豆种植面积呈持续减小趋势，2014 年降到最低点，面积仅为 1.58 万 hm²，2015 年开始又呈持续增大趋势，至 2018 年达到 6.79 万 hm²。扎兰屯市大豆单产 1988 年前及 2003 年后基本呈增大趋势，其中 2010 年单产最高，为 2379 kg/hm²；1989—2003 年呈波动下降趋势，其中 2001 年单产最低，为 279 kg/hm²（图 2.8）。

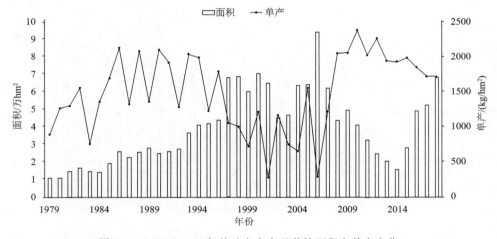

图 2.8　1979—2018 年扎兰屯市大豆种植面积和单产变化

科尔沁右翼前旗是兴安盟大豆种植面积最大的旗（县），2021 年大豆种植面积达到 3.02 万 hm²，总产达到 6.5 万 t。1987—1998 年大豆种植面积总体呈波动增大趋势，1999—2003 年大豆种植面积呈持续下降趋势，2004—2006 年呈短暂增大趋势，2007 年下降后至 2010 年呈连续增大趋势，2011—2017 年又呈波动变化趋势，2018 年开始呈快速增加趋势。1987—2001 年科尔沁右翼前旗大豆单产基本呈波动下降趋势，其中 1996 年为单产最高值，2002 年为单产最低值，2002—2018 年呈升—降—升的趋势（图 2.9）。

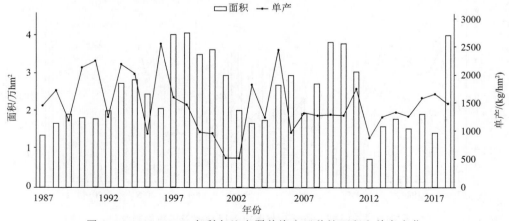

图 2.9　1987—2018 年科尔沁右翼前旗大豆种植面积和单产变化

科尔沁右翼中旗是兴安盟大豆种植面积第二大旗（县），2021 年大豆种植面积达到 2.77 万 hm²，总产达到 4.8 万 t。1987—2001 年大豆面积总体呈波动增大趋势，2002—2008 年大豆面积呈波动变化趋势，2009—2011 年大豆种植面积保持在 1 万 hm² 以上，2012 年开始大豆种植面积持续下降，2015 年降至最低点 0.1444 万 hm²，2016 年开始大豆种植面积呈缓慢增大趋势，2018 年达到最大，为 1.2487 万 hm²。1987—2003 年科尔沁右翼中旗大豆单产基本呈波动增大趋势，其中 2003 年单产最高，为 2621 kg/hm²，1995 年单产最低，为 430 kg/hm²，2004—2011 年大豆单产基本呈波动下降趋势，2012—2018 年大豆单产呈波动增大趋势。1987—2018 年大豆单产总体呈波动增大趋势（图 2.10）。

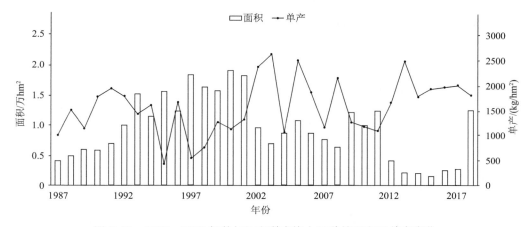

图 2.10　1987—2018 年科尔沁右翼中旗大豆种植面积和单产变化

扎赉特旗是兴安盟大豆种植面积第三大旗（县），2021 年大豆种植面积达到 2.03 万 hm²，总产达到 5.3 万 t。1987—2000 年大豆种植面积总体呈波动增加的趋势，2001—2003 年大豆种植面积保持较低水平，2004—2010 年大豆种植面积呈波动增大趋势，2011—2015 年大豆种植面积呈持续下降趋势，2015 年降至最低，2016 年开始又呈持续增大趋势，2018 年增大到 4.3 万 hm²，总产达到 7.4 万 t。1996 年前及 2002 年后扎赉特旗大豆单产基本呈增大趋势，其中 1996 年单产最高，1997—2001 年呈波动下降趋势，其中 2001 年单产最低（图 2.11）。

2.2.4　大豆主产区种植面积和单产空间变化特征

1987 年以来，大兴安岭东南麓大豆平均种植面积为 64.6 万 hm²，从空间分布来看，面积呈北多南少的特点，呼伦贝尔市岭东南大部分旗（县）种植面积超过 10 万 hm²，其中莫力达瓦达斡尔族自治旗大豆种植面积最大，通辽市南部部分地区及赤峰市西部不足 0.5 万 hm²（图 2.12a）。

近 30 年，大兴安岭东南麓大豆种植面积的变化呈现东北和西南两端增多中间减少的趋势，呼伦贝尔东北部、兴安盟东北部、赤峰市偏南部分地区呈增加趋势，其中呼伦贝

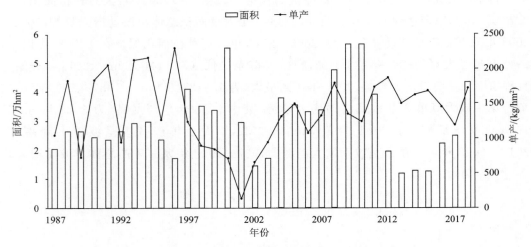

图 2.11　1987—2018 年扎赉特旗大豆种植面积和单产变化

尔市大部增加速率超过 100 hm²/a,增加速率最高值在呼伦贝尔市东北部,超过 500 hm²/a;兴安盟南部及以南地区、通辽市大部、赤峰市东北部大豆种植面积呈弱的减小趋势,倾向率为−28～−5 hm²/a(图 2.12b)。

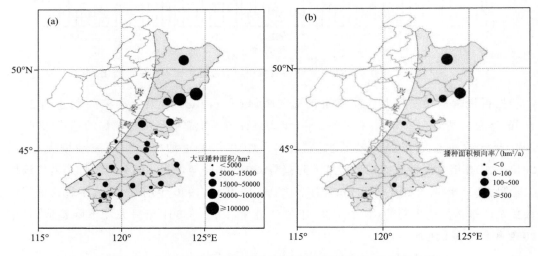

图 2.12　1987—2018 年大豆种植面积(a)和倾向率(b)空间分布

　　近 30 年,大兴安岭东南麓大豆平均单产为 1422 kg/hm²,其中高产区分布在呼伦贝尔东南部、通辽市大部、赤峰市偏南地区,均超过 1500 kg/hm²;兴安盟乌兰浩特、赤峰市大部不足 1200 kg/hm²,赤峰的敖汉旗和阿鲁科尔沁旗最低,小于 1000 kg/hm²(图 2.13a)。大兴安岭东南麓大豆单产整体呈现小幅度的上升趋势,平均增产速率超过 2 kg/(hm²·a),单产变化相对稳定。从空间分布上看,单产倾向率由北向南基本呈递增趋势,其中赤峰市大部、通辽市大部增产速率在 2～6 kg/(hm²·a),增产速率最高值在库伦旗;兴安盟科尔沁右翼前旗和突泉、通辽市扎鲁特旗、赤峰市红山区和巴林右旗单产呈弱的下降趋势,倾向率为$-1\sim-0.4$ kg/(hm^2 · a)(图 2.13b)。

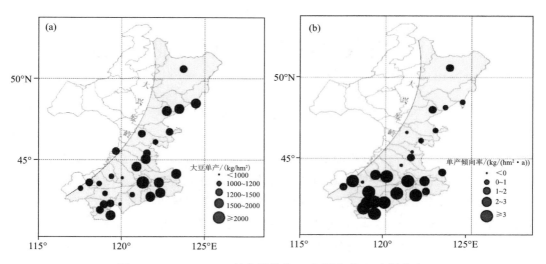

图 2.13　1987—2018 年大豆单产(a)和倾向率(b)空间分布

第3章 内蒙古自治区大豆农业气候区划

农业气候区划是为了充分利用气候资源、发挥区域气候优势，达到趋利避害的目的。农业气候区划是根据对主要农业生物的地理分布、生长发育和产量形成有决定意义的农业气候区划指标，遵循气候分布的地带性和非地带性规律以及农业气候相似和差异性原则，采用一定的区划方法，将某一区域划分为农业气候条件具有明显差异的不同等级的区域单元。它着重从农业生产的一个重要方面——农业气候资源和农业气象灾害出发，来鉴定各地农业气候条件对农业生产的利弊程度及分析比较地区间的差异，为决策者制定农业区划和农业发展规划，充分利用气候资源、避免和减轻不利气候条件的影响提供农业气候方面的科学依据。

内蒙古自治区早在20世纪60年代和80年代初开展过两次较大规模的农牧业气候资源区划工作，区划成果对当时合理利用气候资源、科学规划农牧业生产、合理布局产业结构等起到了重要的指导作用。受技术手段等因素影响，80年代只开展了内蒙古自治区农牧林业气候区划和气候分区，区划成果相对宏观、粗线条，而且未涉及具体作物种植区划。2000—2006年内蒙古自治区气象部门开展了第三次农牧林业气候资源区划工作，利用3S等新技术、新方法，开展了精细化的农牧林业气候资源区划及玉米、大豆、马铃薯等大宗作物区划，精细化程度明显提升。但由于种种原因，当时只有少数盟（市）气象部门开展了此项工作，而在自治区层面尚未开展此项工作。虽然盟（市）的区划成果在当地农牧林业结构调整、农牧林业区划、农作物品种布局等方面起到了较好的参考作用，但由于各盟（市）区划方法不统一、历史气候数据应用不规范、3S技术应用水平相对较低，所以相邻盟（市）区划成果衔接不上，对内蒙古整体农业结构调整指导性不强。近年来，由于气候变暖，农业气候资源及农作物种植结构和布局发生了较大变化，过去的区划成果已经不能满足现代农业生产布局需求，迫切需要开展新形势下农业气候资源区划及作物区划，满足不断变化的农业生产布局调整，尤其是在农业供给侧结构性改革过程中需要提供精细化的作物区划，最大限度发挥区域气候资源优势增产增收。

大豆产量高低及质量优劣除受其自身品种特性影响外，还受诸如土壤、气候等环境条件影响，其中环境气象条件对大豆种植地区及适生品种影响比较明显。由于各地区的气候差异，有些地区种植大豆能够获得较高产量和质量，而有些地区大豆产量和质量较低，甚至同一大豆品种在不同地区种植其产量和质量也会有很大不同，直接影响当地农民的经济收入。内蒙古究竟哪些地区适宜种植大豆、哪些地区不适宜种植大豆，目前尚无客观定量的划分方法。研究开展内蒙古大豆农业气候区划,不仅能够提升内蒙古自治区大豆气象服务能力,对于充分合理利用农业气候资源、科学规划农牧业生产、降低大豆产量风险和调整种植业结构都具有重要参考意义。预期成果可为发挥区域气候资源优势、科学布局大豆生产提供参考依据,对保障国家粮食安全、农业增效、农民增收都具有重要意义。

3.1　资料与方法

3.1.1　资料来源

全区 119 个气象观测站 1981—2010 年逐日气温、降水量、日照时数等,来源于内蒙古自治区气象数据中心;扎兰屯市 1987—2018 年大豆农业气象观测资料,科尔沁右翼前旗、和林格尔县 2010—2018 年大豆农业气象观测资料,来源于大豆农业气象观测站;农业部门 2009—2018 年大豆品种区域试验和生产试验数据,来源于内蒙古自治区古农牧厅。1987—2020 年内蒙古自治区各旗(县)大豆社会产量及种植面积等统计资料,来源于内蒙古自治区统计局;地理信息资料包括经度、纬度、海拔等基础信息栅格数据,来源于 SRTM(Shuttle Radar Topography Mission)航天飞机雷达地形测绘数据,分辨率 75 m;内蒙古自治区土地第二次调查数据(1∶1 万),来源于内蒙古自治区自然资源厅。

3.1.2　大豆气候适宜度分析

3.1.2.1　大豆气候区划分

由于内蒙古自治区地域辽阔,东、西部气候差异明显,不同地区大豆生长发育速度不同。为了更准确地反映东、西部地区气候的差异和大豆生长发育的差异,参考潘铁夫等(1982)、盖钧镒等(2001)、魏云山等(2011)的研究成果,根据农业气候相似原理,基于聚类分析理论,将内蒙古自治区划分为 3 个气候区(图 3.1),即大兴安岭东南麓、大兴安岭西北麓和阴山北麓、西部区和阴山南麓,每个气候区采用相同的发育期。

3.1.2.2　大豆全生育期划分方法

根据大豆农业气象观测资料和农业部门大豆品种区域试验和生产试验数据,分别确定 3 个气候区的大豆平均发育期(表 3.1)。根据大豆生长发育特点,大豆从播种开始记录,包括播种期、出苗期、三真叶期、分枝期、开花期、结荚期、鼓粒期、成熟期。计算气候适宜度时将大豆生长发育全过程划分为播种—出苗、出苗—分枝、分枝—开花、开花—鼓粒、鼓粒—成熟 5 个发育阶段。

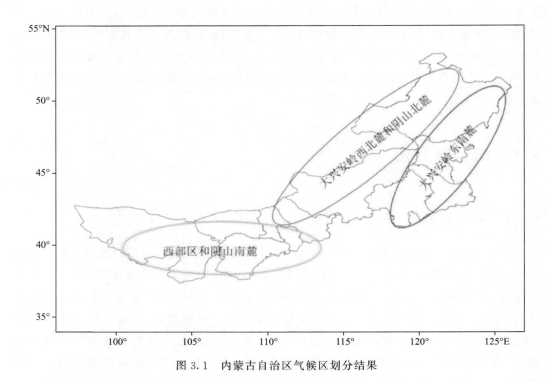

图 3.1　内蒙古自治区气候区划分结果

表 3.1　内蒙古自治区不同气候区大豆平均发育期

气候区	播种期	出苗期	分枝期	开花期	鼓粒期	成熟期
大兴安岭东南麓	5 月 12 日	5 月 25 日	6 月 23 日	7 月 4 日	8 月 25 日	9 月 18 日
大兴安岭西北麓和阴山北麓	5 月 16 日	6 月 4 日	7 月 4 日	7 月 15 日	8 月 25 日	9 月 26 日
西部区和阴山南麓	5 月 4 日	5 月 15 日	6 月 12 日	6 月 22 日	8 月 13 日	9 月 10 日

3.1.2.3　大豆全生育期气候适宜度模型

在大豆的生长发育和产量形成过程中,环境气象因子的影响尤其重要。大豆气候适宜度分别由温度、降水和日照条件所决定,处于不同发育期的大豆,气象条件的影响程度并不相同。例如,在出苗之前,由于大豆没有开始光合作用,因此日照对其影响较小,而在大豆开花前后,由于大豆为短日照植物,光照长度对其影响较大。环境气象因子满足程度高,作物生长发育好且产量高,环境气象因子满足程度低,则会导致作物生长发育不良甚至发生灾害造成减产减收。为客观定量描述光照、温度、降水量等环境气象因子对大豆生长过程的综合影响,通过建立大豆生长发育过程中温度适宜度模型、降水适宜度模型、日照适宜度模型和综合气候适宜度模型,来评价气象因子对大豆生长发育过程的适宜程度。

(1)大豆温度适宜度计算方法

温度对大豆生长发育过程的影响可以用作物生长对温度条件反应函数来描述,其值为 0～1。大豆生长发育对温度的反应表现为非线性,且在最适温度之上和最适温度之下的反应不同。采用 β 函数反映大豆生长与温度的关系,建立大豆温度适宜度公式(马树庆,1994 a)如下:

$$F(T_i) = \frac{(T_i - T_L)(T_H - T_i)^B}{(T_0 - T_L)(T_H - T_0)^B} \quad (3.1)$$

$$B = \frac{T_H - T_0}{T_0 - T_L}$$

式中:$F(T_i)$ 为大豆某一发育阶段温度适宜度;T_i 为大豆某一发育阶段平均温度;T_L 为大豆某一发育阶段最低温度,低于这一温度发育速率为 0;T_H 为大豆某一发育阶段最高温度,超过这一温度发育停止;T_0 为大豆不同发育阶段的最适温度,发育阶段不同,最适发育温度也不相同。B 为常数,随发育阶段而变化。

　　为了区分大豆不同生长发育阶段对水热条件的需求,参考梁荣欣等(1989)、马树庆(1994b)、李雪巍等(2008)的研究成果,并根据内蒙古自治区大豆生长发育特点,分别建立大豆不同发育阶段的三基点温度指标和常数 B 值(表 3.2)。

表 3.2　大豆不同发育阶段三基点温度指标和常数 B 值

发育阶段	最低温度 T_L/℃	最适温度 T_0/℃	最高温度 T_H/℃	B
播种—出苗	10	20	25	0.50
出苗—分枝	12	24	30	0.50
分枝—开花	15	27	32	0.42
开花—鼓粒	16	25	30	0.56
鼓粒—成熟	12	18	28	1.67

(2)大豆降水适宜度计算方法

　　降水量是影响内蒙古自治区大豆生长发育和产量形成的重要因素。大豆是需水量较多又不耐旱的作物(杨显峰 等,2010;王莹 等,2016),降水量适宜有利于大豆高产,降水量不足(干旱)和降水量过多(洪涝)都会造成不同程度减产。以大豆某发育阶段降水量/理论需水量作为降水适宜度指标,70%≤降水量/理论需水量≤130% 为降水量适宜标准,降水量/理论需水量<70% 为发生干旱,降水量/理论需水量>130% 为发生洪涝。参考魏瑞江等(2007)的研究成果,建立大豆降水适宜度公式如下:

$$F(R_i) = \begin{cases} R_i/0.7R_0 & R_i < 0.7R_0 \\ 1 & 0.7R_0 \leq R_i \leq 1.3R_0 \\ 1.3R_0/R_i & R_i > 1.3R_0 \end{cases} \quad (3.2)$$

式中:$F(R_i)$ 为大豆某一发育阶段降水适宜度;R_i 为大豆某一发育阶段降水量;R_0 为大豆某一发育阶段理论需水量。参考已有研究成果并根据内蒙古自治区降水特点,确定了内蒙古自治区大豆不同发育阶段理论需水量(表 3.3)。

表 3.3　大豆不同发育阶段理论需水量和发育间隔日数

发育阶段	理论需水量/mm	发育间隔日数/d
播种—出苗	27.5	15
出苗—分枝	61.6	28
分枝—开花	47.3	11
开花—鼓粒	266.8	51
鼓粒—成熟	146.9	26

（3）大豆日照适宜度计算方法

日照条件对大豆生长发育的影响可以理解为模糊过程，即在"适宜"与"不适宜"之间变化，日照不足将导致大豆叶片光合作用减弱，生长变缓慢。研究认为，日照时数达到可照时数的 70%（日照百分率）为临界点（黄璜，1996）。日照时数在临界点以上，作物对光照的反应达到适宜状态。建立大豆日照适宜度公式如下：

$$F(S_i) = \begin{cases} e^{-[(S_i-S_0)/b]^2} & S_i < S_0 \\ 1 & S_i \geqslant S_0 \end{cases} \tag{3.3}$$

式中：$F(S_i)$ 为大豆某一发育阶段日照适宜度；S_i 为实际日照时数；S_0 为日照百分率为 70% 的日照时数，视为适宜日照时数下限值；b 为常数，随发育期的变化而变化（表 3.4）；e 取值 2.7183（黄璜，1996）。

表 3.4　大豆不同发育阶段适宜日照时数下限值和常数 b

发育阶段	适宜日照时数下限值/h	b
播种—出苗	9.37	5.05
出苗—分枝	9.03	4.87
分枝—开花	8.75	4.72
开花—鼓粒	8.31	4.48
鼓粒—成熟	7.75	4.18

（4）大豆某一发育阶段气候适宜度计算方法

大豆生长发育过程中，温度适宜度、降水适宜度、日照适宜度相互作用决定综合气候适宜度。为了反映温度、降水、日照 3 个因素对大豆生长发育的综合影响，采用加权求和法建立综合气候适宜度公式如下：

$$F(C_i) = aF(T_i) + bF(R_i) + cF(S_i) \tag{3.4}$$

式中：$F(C_i)$ 为某一发育阶段综合气候适宜度；$F(T_i)$、$F(R_i)$ 和 $F(S_i)$ 分别为该阶段温度适宜度、降水适宜度和日照适宜度，为逐日气候适宜度的平均；a、b、c 分别为某一发育阶段温度适宜度、降水适宜度和日照适宜度的权重系数，并进行归一化处理。

利用层次分析法，两两比较各发育阶段综合气候适宜度对大豆生长发育的影响程度后,将其划分为 21 个等级,结果得到专家认可并通过一致性检验后生成各项权重系数(表 3.5)。

表 3.5　大豆各发育阶段温度、降水、日照的气候适宜度权重系数

发育阶段	温度权重	降水权重	日照权重
播种—出苗	0.4667	0.4667	0.0667
出苗—分枝	0.4123	0.5007	0.0870
分枝—开花	0.1210	0.7640	0.1150
开花—鼓粒	0.2296	0.6165	0.1539
鼓粒—成熟	0.6332	0.2609	0.1058

(5)大豆全生育期气候适宜度计算方法

将大豆某一发育阶段的气候适宜度加权求和,得到大豆全生育期气候适宜度。

$$F(C) = \sum_{i=1}^{5} m_i F(C_i) \tag{3.5}$$

式中:$F(C)$为大豆全生育期气候适宜度;i 为大豆发育阶段序号;$F(C_i)$为大豆第 i 个发育阶段的气候适宜度;m_i 为大豆第 i 个发育阶段的气候适宜度权重系数。

大豆某一发育阶段的气候适宜度权重系数由层次分析法确定,取值见表 3.6。

表 3.6　大豆各发育阶段气候适宜度权重系数

	播种—出苗	出苗—分枝	分枝—开花	开花—鼓粒	鼓粒—成熟
m_i	0.0825	0.1426	0.2182	0.5018	0.0548

3.1.2.4　大豆全生育期气候适宜度空间分布特征

建立全区 119 个观测站大豆全生育期气候适宜度与经度、纬度和海拔高度的回归模型:

$$Y = -0.0216X_1 - 0.0174X_2 + 0.00003X_3 - 1.0371 \tag{3.6}$$

式中:Y 为大豆全生育期气候适宜度;X_1 为经度;X_2 为纬度;X_3 为海拔高度。

$R^2 = 0.740^{**}$,$F = 96$,回归方程通过信度 0.01 的 F 检验,模型拟合效果比较好。

应用 ArcGIS 10.2 平台制作大豆全生育期气候适宜度空间分布(图 3.2)。结果表明,大豆全生育期气候适宜度呈带状分布,东南部最大,由东南向西北逐渐减小,最大值为 0.89,最小值为 0.34。高值区主要分布在呼伦贝尔市扎兰屯市东南部、阿荣旗东南部、莫力达瓦达斡尔族自治旗东南部,兴安盟扎赉特旗、科尔沁右翼前旗、突泉县、科尔沁右翼中旗,通辽市大部地区,赤峰市大部地区,锡林郭勒盟南部多伦县和太仆寺旗部分地区,上述地区气候适宜度超过 0.77;低值区主要分布在西部的阿拉善盟、乌海市、巴彦淖尔市、鄂尔多斯市西北部、包头市北部、乌兰察布市北部以及呼伦贝尔市西北部少部分地区,上述地区气候适宜度不足 0.65;呼伦贝尔市中北部大部、锡林郭勒盟大部、乌兰察布市大部、包头市大部、呼和浩特市大部地区以及鄂尔多斯市东南部气候适宜度为 0.65~0.77。

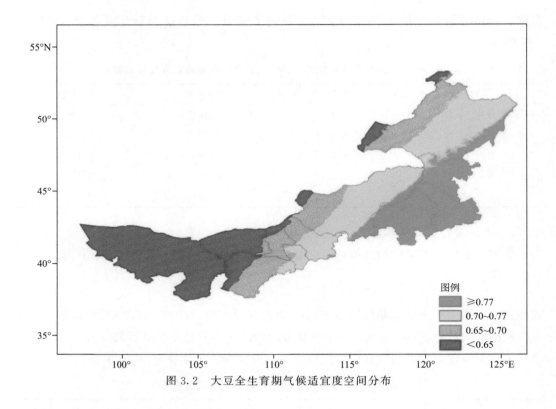

图 3.2　大豆全生育期气候适宜度空间分布

3.2　内蒙古自治区大豆精细化农业气候区划

　　农业气候区划指标法广泛用于农业气候区划中,一般采用主导指标与辅助指标相结合、单因子指标与综合因子指标相结合的原则,显然与农业气候的复杂性相关。早期开展农业气候区划方法主要采用指标方法。农业气候区划指标是农业气候区划中专门用作划分区域界限的一种指标,这种指标能具体反映地区农业气候特点,并能够反映农业气候区域的明显差异。

　　内蒙古自治区东、中、西部气候差异大,不同盟(市)和旗(县)影响作物产量的关键气象因子不同、影响程度不同,分地区调整热量和水分等权重系数,区划结果更符合实际。收集近 10 年研究区域内种植的大豆品种,分析大豆品种所需的理论积温、生育期天数等数据,根据大豆品种所需热量条件,以稳定≥10 ℃活动积温 1900 ℃·d 和生长季降水量300 mm 作为大豆种植区下限指标。采用否决性指标(热量和水分)和农业气候区划指标建立大豆种植气候区划指数,并建立与地理信息的回归模型。利用 ArcGIS 技术将内蒙古自治区划分为大豆最适宜气候区、适宜气候区、次适宜气候区和不适宜气候区,并在ArcGIS 10.2 平台中制作内蒙古自治区大豆农业气候区划图,进行分区评述的同时提出趋利避害建议。

3.2.1　大豆农业气候区划指标体系

3.2.1.1　确定大豆农业气候区划指标的原则

热量指标:大豆是既喜温又耐冷凉的作物,热量是大豆生产最基本的气象条件,它对大豆的生长发育和产量形成起决定性的作用,热量条件不足时大豆不能正常生长发育和成熟,热量条件是能否种植大豆的限制性因子。分析近 10 年研究区域内通过审定的上百个大豆品种,所需的理论积温、无霜期等数据,结果表明,近年来种植的大豆品种所需热量条件下限为 1700 ℃·d,上限为 2800 ℃·d,呼伦贝尔大部地区种植≥10 ℃活动积温 1700~2400 ℃·d 的品种,兴安盟大部地区种植≥10 ℃活动积温 2100~2600 ℃·d 的品种。通辽、赤峰等地种植 2400~2800 ℃·d 的品种。依据东部地区大豆品种特性及当地≥10 ℃活动积温分布结果,以农业气候资源利用率最大化为原则,在充分调研基础上将日平均气温≥10 ℃活动积温大于 1900 ℃·d 的地区作为大豆可种植区域,≥10 ℃活动积温小于 1900 ℃·d 的地区大豆不能正常生长发育,多数年份不能正常成熟获得产量。热量偏多地区大豆生育期会缩短,虽然大豆能够正常成熟获得产量,但会浪费一部分热量资源,且同玉米等高产作物比较收益低,调整大豆品种适应当地热量条件才会获得理想产量。内蒙古自治区大部分地区热量条件能够满足大豆正常生长发育和成熟所需,只有大兴安岭海拔较高地区热量条件不能满足大豆正常成熟需要。

水分指标:大豆是需水量较多的作物,每形成 1 g 干物质需水 600~1000 g,比小麦、谷子、高粱等作物多 40%~100%。大豆整个生育期间耗水量为 1995~7500 t/hm²,在满足热量条件的前提下,大豆生育期的降水量便成为一个重要指标。在生长季降水量特别少的地区,如果没有灌溉条件大豆也不能正常生长发育;降水量特别多也不利于大豆优质高产。生长季降水量 450~550 mm 最适宜旱作大豆的种植,小于 300 mm 不能满足大豆正常生长发育,大于 650 mm 产生涝灾也不利于提高大豆产量。

关键生育期气候指标:中/7—中/8(指 7 月中旬—8 月中旬,余同)是内蒙古自治区大豆开花、结荚和鼓粒期,也是内蒙古自治区大豆生长发育关键期,此时期平均气温偏低影响大豆开花、结荚和鼓粒,严重影响大豆产量。因此以中/7—中/8 平均气温作为一个指标,中/7—中/8 平均气温<16 ℃的地区大豆不能正常生长发育和成熟。

光照指标:大豆是喜光作物,光饱和点一般在 30000~40000 lx。大豆属于对日照长度反应极度敏感的作物,开花结实要求较长的黑夜和较短的白天,但大豆对短日照的要求是有限度的,一般品种每日 12 h 的光照即可促进开花抑制生长,9 h 光照对部分品种的开花仍有影响,当每日光照缩短为 6 h 时,则营养生长和生殖生长均受到抑制,短日照只是从营养生长向生殖生长转化的条件(乌兰 等,2018)。内蒙古自治区光照条件基本能够满足大豆生长发育需求,一般不作为限制性因子。

否决性指标:①≥10 ℃活动积温小于 1900 ℃·d 的地区大豆不能正常生长发育和成熟;②大豆生长发育关键期(中/7—中/8)平均气温<16 ℃的地区大豆不能正常生长发育和成熟;③没有灌溉条件,4—9 月降水量小于 300 mm 的地区;在有灌溉的条件下,干

旱缺水不作为限制性指标。

综合以上分析,同时考虑内蒙古自治区大豆品种和农业气候资源利用效率,确定大豆农业气候区划指标。

3.2.1.2　大豆农业气候区划指标

根据大豆生长发育对气象条件的需求,结合内蒙古自治区大豆种植品种、农业气候资源利用效率以及作物比较收益等,参考庞万才等(2004)和唐红艳等(2009a,2010)的研究成果,选择≥10 ℃活动积温、4—9月降水量和中/7—中/8平均气温作为大豆区划因子,建立内蒙古自治区大豆农业气候区划指标(表3.7),为开展大豆精细化农业气候区划奠定基础。

表3.7　内蒙古自治区大豆农业气候区划指标

区划因子	最适宜	适宜	次适宜	不适宜(不可种植)
稳定≥10 ℃活动积温/(℃·d)	≥2800	2400~2800	1900~2400	≤1900
4—9月降水量/mm	450~550	400~450 或 550~650	300~400 或≥650	≤300
中/7—中/8平均气温/℃ (开花结荚鼓粒期)	≥20	18~20	16~18	≤16

3.2.2　大豆农业气候区划指数

采用多元回归统计方法,利用119个气象观测站1981—2010年的气候统计值和地理信息数据,建立≥10 ℃活动积温 $a(\sum T_{\geq 10℃})$、4—9月降水量 $b(R_{4-9})$ 和中/7—中/8平均气温 $c(\overline{T}_{7中-8中})$ 与海拔高度、经度、纬度、坡度和坡向的空间分布模型(略)。模型均通过显著性检验、回代检验和模拟检验,可用于模拟内蒙古自治区农业气候资源空间分布。

将大豆区划因子进行标准化处理如下:

$$a = \sum T_{\geq 10℃}/3600, \quad b = R_{4-9}/650, \quad c = \overline{T}_{7中-8中}/27$$

考虑不同因子在气候适应性评价中强度的差异,分别对不同区划因子赋予不同的权重,并采用加权求和方法建立大豆农业气候区划指数。大豆属于喜温而较耐冷凉的作物,≥10 ℃活动积温的权重系数取0.3;大豆又是需水量较大的作物,干旱是大豆生长发育和产量形成的主要限制因子,大豆生长季降水量权重系数取0.5;中/7—中/8(开花结荚鼓粒期)是产量形成的关键时期,此时期气温偏低影响开花结荚,因此中/7—中/8平均气温的权重系数取0.2,据此建立大豆农业气候区划指数 P 与区划因子的回归模型。

$$P = 0.3a + 0.5b + 0.2c \tag{3.7}$$

式中:P 为大豆农业气候区划指数。

3.2.3　大豆农业气候区划指数空间分布特征

大豆农业气候区划指数 P 最小值为0.35,最大值为0.85。P 的大小由西南向东北逐渐递增。高值区主要分布在兴安盟东南部,包括扎赉特旗大部地区、科尔沁右翼前旗东南部、突泉县东南部、科尔沁右翼中旗东南部,通辽市大部、赤峰市大部地区;低值区主要分布在西部的阿拉善盟、乌海市、巴彦淖尔市北部、鄂尔多斯市北部、乌兰察布市中部、锡林郭勒盟北部、呼伦贝尔市西北部等地区。

3.2.4　大豆农业气候区划等级及分区评述

建立大豆农业气候区划指数 P 等级标准,划分为大豆最适宜气候区、适宜气候区、次适宜气候区和不适宜气候区(表 3.8)。

表 3.8　内蒙古大豆农业气候区划分级标准

	最适宜	适宜	次适宜	不适宜
P	$P>0.75$	$0.65<P\leqslant0.75$	$0.60<P\leqslant0.65$	$P\leqslant0.60$

根据上述分区标准,在 ArcGIS 10.2 平台中制作内蒙古自治区大豆农业气候区划图(图 3.3)。

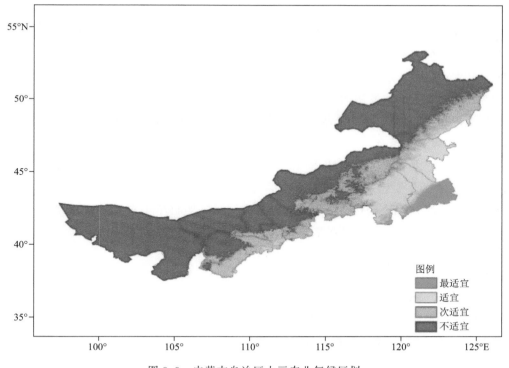

图 3.3　内蒙古自治区大豆农业气候区划

3.2.4.1　最适宜气候区

本区大豆农业气候区划指数 $P>0.75$,面积约为 4.0 万 km^2,占全区总面积的3.5%。本区位于通辽市东南部、赤峰市东南部的少部分地区,主要包括通辽市科尔沁左翼后旗、科尔沁区、科尔沁左翼中旗、库伦旗、奈曼旗,赤峰市敖汉旗、宁城县、喀喇沁旗。大豆平均单产为 848~1951 kg/hm²。

本区≥10 ℃活动积温超过 3000 ℃·d,无霜期日数超过 140 d,大豆生长发育关键期(中/7—中/8)平均气温 22~24 ℃,生长季降水量超过 400 mm。属于东部农区热量最丰富地区,也是全区降水量相对较多地区,光照充足,光、热、水匹配最理想。

本区大豆生产的主要问题是热量资源利用不充分,大豆生育期偏短,如果能够种植生育期更长的大豆品种,充分利用光、热、水的有利条件,将会大幅度提高大豆产量。

3.2.4.2 适宜气候区

本区大豆农业气候区划指数 P 为 0.65~0.75,面积约为 12.1 万 km²,占全区总面积的 10.5%。本区位于大兴安岭东南麓地区,主要包括呼伦贝尔市东南部(莫力达瓦达斡尔族自治旗、阿荣旗和扎兰屯市)部分地区、兴安盟大部农区(扎赉特旗、科尔沁右翼前旗、乌兰浩特市、突泉县、科尔沁右翼中旗)、通辽市中北部(扎鲁特旗、开鲁县、科尔沁左翼中旗、奈曼)、赤峰市大部地区,也是内蒙古自治区的重要商品粮基地,大豆平均单产为 832~1682 kg/hm²。

本区≥10 ℃活动积温 2500~3100 ℃·d,无霜期日数 110~140 d,大豆生长发育关键期(中/7—中/8)平均气温 20~22 ℃,生长季降水量 350~450 mm。本区热量资源充足,夏季温暖,水资源丰富,光照充足,昼夜温差大,大豆生长发育关键期雨热同季,有利于大豆生产和蛋白质积累,大豆品质好。本区应大力发展大豆生产,逐步成为内蒙古自治区大豆生产优势产区。

本区大豆生产的主要限制因素是降水变率大,干旱发生频率高,干旱风险大,如果能够改变靠天吃饭的局面,大力发展灌溉农业将会大幅度提高大豆产量。

3.2.4.3 次适宜气候区

本区大豆农业气候区划指数 P 为 0.60~0.65,面积约为 25.1 万 km²,占全区总面积的 22%。本区主要包括呼伦贝尔市主要农区的北部(鄂伦春自治旗东南部、莫力达瓦达斡尔族自治旗、阿荣旗、扎兰屯市大部分地区)、兴安盟科尔沁右翼前旗西北部、通辽市最北部、赤峰市西北部、锡林郭勒盟南部、乌兰察布市南部、呼和浩特市南部、鄂尔多斯市东南部等少部分地区。大豆平均单产为 738~1695 kg/hm²。

本区≥10 ℃活动积温 2000~3500 ℃·d,无霜期日数 90~160 d,大豆生长发育关键期平均气温 18~26 ℃,生长季降水量 250~400 mm。本区热量条件好的地区降水不足,热量条件差的地区降水偏多,水热条件匹配不合理,低温、干旱是本区大豆发展的主要限制因素,适宜种植大豆极早熟和耐旱品种,应逐步发展林、牧业或其他喜凉作物。

3.2.4.4 不适宜气候区

本区大豆农业气候区划指数 $P \leqslant 0.60$,面积约为 73.2 万 km²,占全区总面积的 64%。大兴安岭东南麓海拔较高地区和鄂伦春自治旗北部地区、大兴安岭西北麓、阴山北麓以及内蒙古自治区中西部大部分地区均为大豆不适宜气候区,主要包括呼伦贝尔市林牧区(海拉尔区、满洲里市、牙克石市、根河市、额尔古纳市、鄂温克族自治旗、新巴尔虎左旗、新巴尔虎右旗、陈巴尔虎旗)、兴安盟西北部林区(阿尔山市)、锡林郭勒盟大部、乌兰察布市大部、包头市、呼和浩特市北部及呼和浩特市以西地区。大豆平均单产小于 1649 kg/hm²。

本区≥10 ℃活动积温小于 1900 ℃·d 或大于 2400 ℃·d，无霜期日数 40~180 d，大豆生长发育关键期平均气温 14~25 ℃，生长季降水量<300 mm 或>400 mm，是全区降水量最少地区和相对较多地区。本区以森林、草原和沙漠为主，有少量的灌溉农业。

本区水热矛盾突出。中西部大部分地区热量充足，但水资源短缺，降水量严重偏少，蒸发量大，干旱常年发生；大兴安岭东南麓少部分地区虽然降水较多，但热量资源短缺；大兴安岭西北麓和阴山北麓热量欠缺，无霜期短，水分条件适中。综合水热条件，本区不适宜发展大豆生产，东北部地区可适量种植喜凉作物，其他地区应大力发展林牧业。

3.3　大豆农业气候区划结果可靠性分析

大豆农业气候区划指数 P 作为大豆种植气候区划指标，即大豆农业气候区划指数 P 越大，大豆气候适宜性越高，从气候的角度更适宜种植大豆。适宜种植大豆的地区，大豆产量和种植面积与大豆农业气候区划指数 P 是否具有较好的一致性？为了回答这个问题，开展以下验证工作。

3.3.1　大豆农业气候区划指数与平均单产的一致性检验

大豆农业气候区划指数与各旗(县)近 3 年平均单产分析结果(图 3.4)表明，大豆农业气候区划指数大的地区平均单产也偏高，农业气候区划指数小的地区平均单产也偏低，大豆农业气候区划指数与各旗(县)平均单产具有较好的一致性。

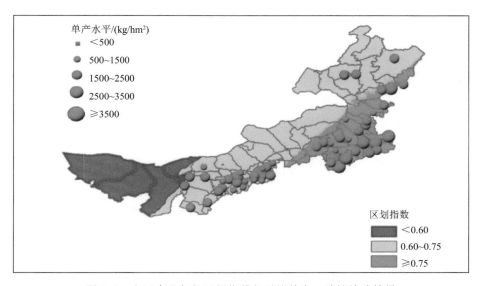

图 3.4　大豆农业气候区划指数与平均单产一致性检验结果

3.3.2　大豆农业气候区划指数与种植面积的一致性检验

大豆农业气候区划指数与各旗(县)近3年平均种植面积分析结果(图3.5)表明,农业气候区划指数大的地区大豆种植面积大,农业气候区划指数小的地区大豆种植面积小,大豆农业气候区划指数与各旗(县)种植面积具有较好的一致性。

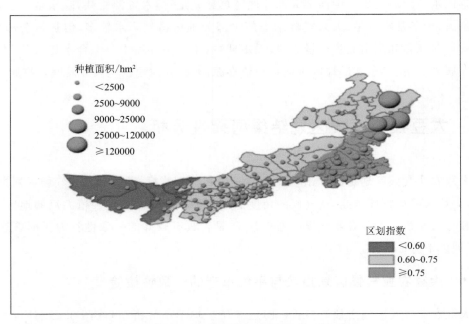

图3.5　大豆农业气候区划指数与种植面积一致性检验结果

3.3.3　典型地区典型年份验证

选取扎兰屯市大豆观测站为典型代表站,计算逐年的农业气候区划指数,选取农业气候区划指数>0.75的年份,即1988、1990、1994、2010、2011、2013、2014年,这些年份内蒙古自治区东部地区大豆基本属于丰收年份;选取农业气候区划指数≤0.6的年份,即1992、1995、2001、2007年,这些年份内蒙古自治区东部地区基本属于干旱年,大豆大幅度减产。分析结果表明,典型年份农业气候区划指数与大豆产量具有较好的一致性,典型年份验证效果较好。

3.3.4　大豆农业气象观测数据验证

统计分析1987—2018年扎兰屯市大豆农业气候区划指数和观测地段气象产量(图3.6),结果表明,大豆农业气候区划指数与气象产量变化趋势有较好的一致性,相关系数达到0.5471。气象产量高的年份农业气候区划指数偏大,气象产量低的年份农业气候区划指数偏小,农业气候区划指数能够较好地反映气象产量趋势,说明选取农业气候区划指数作为大豆农业气候区划指标比较合理。

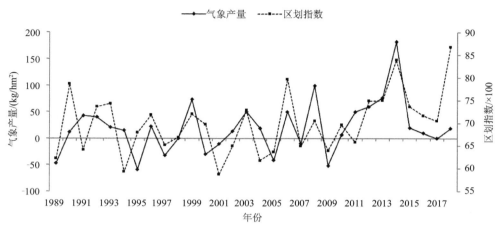

图 3.6　大豆农业气候区划指数与气象产量一致性检验结果

3.4　大豆主产区精细化农业气候区划

3.4.1　开展大豆精细化农业气候区划的盟(市)和旗(县)

依据各盟(市)和旗(县)大豆近 5 年种植面积和平均单产,选择面积超过 3333.3 hm² 的农业旗(县)和相应盟(市)作为研究对象,盟(市)所在地的市(县、区)不在研究范围内。盟(市)包括呼伦贝尔市、兴安盟、通辽市、赤峰市、乌兰察布市、呼和浩特市;旗(县)包括呼伦贝尔市的莫力达瓦达斡尔族自治旗、鄂伦春自治旗、阿荣旗、扎兰屯市等 4 个旗(县),兴安盟的扎赉特旗、科尔沁右翼前旗、突泉、科尔沁右翼中旗等 4 个旗(县),通辽市的科尔沁左翼后旗、扎鲁特旗、科尔沁左翼中旗、奈曼旗、开鲁县等 5 个旗(县),赤峰市的巴林左旗、巴林右旗、敖汉旗、翁牛特旗、林西县等 5 个旗(县),乌兰察布市的丰镇市、凉城县等 2 个旗(县),呼和浩特市的和林格尔县、清水河县等共计 22 个旗(县)(图 3.7)。

3.4.2　盟(市)和旗(县)大豆精细化农业气候区划技术方法

由于没有增加任何气象站点资料,采用了盟(市)和旗(县)气候资源推算结果作为基础数据。利用建立的自治区大豆农业气候区划指数作为区划因子,根据各盟(市)气候条件对大豆生长发育的差异性影响和关键限制因子,分别确定不同地区大豆农业气候区划因子的权重系数,建立大豆农业气候区划指数与区划因子的关系模型。盟(市)大豆农业气候区划模型见表 3.9。

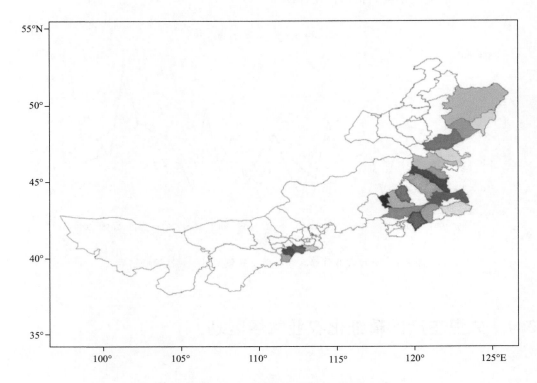

图 3.7 内蒙古自治区大豆农业气候区划典型旗（县）

表 3.9 盟（市）大豆农业气候区划模型

盟（市）	区划模型
呼伦贝尔市	$P = 0.4a + 0.4b + 0.2c$
兴安盟	$P = 0.4a + 0.4b + 0.2c$
通辽市	$P = 0.3a + 0.5b + 0.2c$
赤峰市	$P = 0.3a + 0.5b + 0.2c$
乌兰察布市	$P = 0.3a + 0.6b + 0.1c$
呼和浩特市	$P = 0.2a + 0.7b + 0.1c$

依据表 3.10 的分级结果将盟（市）划分为大豆最适宜气候区、适宜气候区、次适宜气候区和不适宜气候区。

表 3.10　盟(市)大豆农业气候区划分级指标

分区	呼伦贝尔	兴安盟	通辽	赤峰	乌兰察布	呼和浩特
最适宜	$P \geqslant 0.66$	$P \geqslant 0.70$	$P \geqslant 0.70$	$P \geqslant 0.70$	$P \geqslant 0.62$	$P \geqslant 0.63$
适宜	$0.61 \leqslant P < 0.66$	$0.64 \leqslant P < 0.70$	$0.63 \leqslant P < 0.70$	$0.65 \leqslant P < 0.70$	$0.57 \leqslant P < 0.62$	$0.61 \leqslant P < 0.63$
次适宜	$0.55 \leqslant P < 0.61$	$0.58 \leqslant P < 0.64$	$0.57 \leqslant P < 0.63$	$0.60 \leqslant P < 0.65$	$0.55 \leqslant P < 0.57$	$0.55 \leqslant P < 0.61$
不适宜	$P < 0.55$	$P < 0.58$	$P < 0.57$	$P < 0.60$	$P < 0.55$	$P < 0.55$

在盟(市)大豆农业气候区划基础上,通过调整旗(县)农业气候区划分级指标(表 3.11—表 3.14),重新划分旗(县)农业气候区划等级,制作旗(县)大豆精细化农业气候区划图。

表 3.11　呼伦贝尔市旗(县)大豆农业气候区划分级指标

分区	莫力达瓦达斡尔族	鄂伦春自治旗	阿荣旗	扎兰屯市
最适宜	$P \geqslant 0.68$	$P \geqslant 0.61$	$P \geqslant 0.65$	$P \geqslant 0.62$
适宜	$0.66 \leqslant P < 0.68$	$0.58 \leqslant P < 0.61$	$0.62 \leqslant P < 0.65$	$0.59 \leqslant P < 0.62$
次适宜	$0.64 \leqslant P < 0.66$	$0.54 \leqslant P < 0.58$	$0.59 \leqslant P < 0.62$	$0.54 \leqslant P < 0.59$
不适宜	$P < 0.64$	$P < 0.54$	$P < 0.59$	$P < 0.54$

表 3.12　兴安盟旗(县)大豆农业气候区划分级指标

分区	突泉	扎赉特旗	科尔沁右翼前旗	科尔沁右翼中旗
最适宜	$P \geqslant 0.66$	$P \geqslant 0.69$	$P \geqslant 0.65$	$P \geqslant 0.65$
适宜	$0.64 \leqslant P < 0.66$	$0.66 \leqslant P < 0.69$	$0.61 \leqslant P < 0.65$	$0.61 \leqslant P < 0.65$
次适宜	$0.62 \leqslant P < 0.64$	$0.63 \leqslant P < 0.66$	$0.56 \leqslant P < 0.61$	$0.57 \leqslant P < 0.61$
不适宜	$P < 0.62$	$P < 0.63$	$P < 0.56$	$P < 0.57$

表 3.13　通辽市旗(县)大豆农业气候区划分级指标

分区	科尔沁左翼后旗	扎鲁特旗	科尔沁左翼中旗	奈曼旗	开鲁县
最适宜	$P \geqslant 0.74$	$P \geqslant 0.70$	$P \geqslant 0.70$	$P \geqslant 0.71$	$P \geqslant 0.69$
适宜	$P < 0.74$	$0.62 < P \leqslant 0.70$	$P < 0.70$	$P < 0.71$	$P < 0.69$
次适宜		$0.58 < P \leqslant 0.62$			
不适宜		$P < 0.58$			

表 3.14　赤峰市旗(县)大豆农业气候区划分级指标

分区	巴林左旗	巴林右旗	敖汉旗	翁牛特旗	林西县
最适宜			$P\geqslant0.70$	$P\geqslant0.67$	$P\geqslant0.59$
适宜	$P\geqslant0.63$	$P\geqslant0.64$	$P<0.70$	$0.62\leqslant P<0.67$	$P<0.59$
次适宜	$0.57\leqslant P<0.63$	$0.58\leqslant P<0.64$		$P<0.62$	
不适宜	$P<0.57$	$P<0.58$			

3.4.3　盟(市)、旗(县)大豆精细化农业气候区划及分区评述

3.4.3.1　盟(市)大豆精细化农业气候区划及分区评述

(1)呼伦贝尔市大豆精细化农业气候区划及分区评述

依据表 3.10 的分级结果将呼伦贝尔市划分为大豆最适宜气候区、适宜气候区、次适宜气候区和不适宜气候区(图 3.8)。

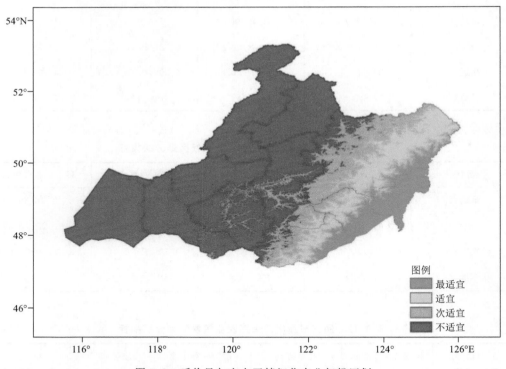

图 3.8　呼伦贝尔市大豆精细化农业气候区划

呼伦贝尔大豆农业气候区划指数 P 最小值为 0.38,最大值为 0.74。P 由西向东呈增大趋势,高值区主要分布在大兴安岭东南部主要农区,包括莫力达瓦达斡尔族自治旗大部、阿荣旗东南部、扎兰屯市东南部、鄂伦春自治旗东南部少部分地区,低值区分布在北部林区及大兴安岭西部的草原区,包括海拉尔区、满洲里市、牙克石市、根河

市、额尔古纳市、鄂温克族自治旗、新巴尔虎左旗、新巴尔虎右旗、陈巴尔虎旗等地区。

①最适宜气候区

本区大豆农业气候区划指数 $P \geq 0.66$，面积约为 2.2 万 km^2，占全市总面积的8.9%。本区位于呼伦贝尔市东南部主要农区，包括莫力达瓦达斡尔族自治旗大部、阿荣旗东南部、扎兰屯市东南部、鄂伦春自治旗东南部，是内蒙古自治区大豆主产区。本区 $\geq$10 ℃活动积温 2600～2800 ℃·d，无霜期日数 110～140 d，大豆生长发育关键期(中/7—中/8)平均气温 20～22 ℃，生长季降水量 400～450 mm，是全区降水量相对较多的地区，光照充足。

本区降水充足，水资源丰富，热量略有不足，光照充足，昼夜温差大，大豆生长发育关键期雨热同季，有利于大豆生产和蛋白质积累，大豆品质好，应大力发展大豆生产，逐步成为内蒙古自治区大豆生产优势产区。

本区大豆生产的主要限制因素：一是热量不足，大部分地区只能种植早、中熟品种，大豆单产相对偏低；二是降水变率大，阶段性干旱发生频率高，干旱风险大，如果能够改变靠天吃饭的局面，大力发展灌溉农业将会大幅度提高大豆产量。

②适宜气候区

本区大豆农业气候区划指数 P 为 0.61～0.66，面积约为 3.3 万 km^2，占全市总面积的 13.1%。本区位于呼伦贝尔市东南部地区，包括阿荣旗西北部、扎兰屯市西北部、鄂伦春自治旗东南部，是极早熟大豆生产区。本区 $\geq$10 ℃活动积温 2400～2600 ℃·d，无霜期日数 100～120 d，大豆生长发育关键期(中/7—中/8)平均气温 19～21 ℃，生长季降水量 350～450 mm，是全区降水量相对较多的地区，光照充足。

本区降水充足，水资源丰富，光照充足，热量欠缺，昼夜温差大。本区虽然水资源充足，但热量明显不足，大豆生产的主要限制因素是热量，只能种植极早熟大豆品种，遇到低温或早霜年份，大豆产量和质量都会受到不利影响。

③次适宜气候区

本区大豆农业气候区划指数 P 为 0.55～0.61，面积约为 4.2 万 km^2，占全市总面积的 16.6%。本区位于呼伦贝尔市中部偏东地区，主要为大兴安岭东南麓以林为主的林牧交错带，包括鄂伦春自治旗西北部、牙克石部分地区、扎兰屯市西北部地区。本区 $\geq$10 ℃活动积温 1900～2400 ℃·d，无霜期日数 80～100 d，大豆生长发育关键期(中/7—中/8)平均气温 16～18 ℃，生长季降水量 350～450 mm，是全区降水量相对较多的地区，光照充足。

本区降水充足，水资源丰富，光照充足，热量欠缺。本区虽然水资源充足，但热量显著不足，只有零星的极早熟大豆种植，不适宜发展中晚熟大豆生产。

④不适宜气候区

本区大豆农业气候区划指数 $P < 0.55$，面积约为 15.5 万 km^2，占全市总面积的61.4%。本区位于呼伦贝尔市大兴安岭岭上海拔较高地区和岭西林牧地区，包括海拉尔区、满洲里市、牙克石市、根河市、额尔古纳市、鄂温克族自治旗、新巴尔虎左旗、新巴尔虎

右旗、陈巴尔虎旗。本区≥10 ℃活动积温≤1900 ℃•d 或≥2400 ℃•d,无霜期日数40～120 d,大豆生长发育关键期(中/7—中/8)平均气温 14～21 ℃,生长季降水量 200～400 mm,光照充足。

　　本区降水和热量资源空间分布差异明显,水资源丰富的地区热量严重不足,热量资源丰富地区降水资源严重短缺,水热矛盾突出。西部大部分地区热量够用,但水资源短缺,降水量严重偏少,蒸发量大;大兴安岭岭上虽然降水较多,但热量资源严重不足,无霜期短。综合水热条件,本区不适宜发展大豆生产,可适量种植喜凉作物,其他地区应大力发展林牧业。

　　(2)兴安盟大豆精细化农业气候区划及分区评述

　　依据表 3.10 的分级结果将兴安盟划分为大豆最适宜气候区、适宜气候区、次适宜气候区和不适宜气候区(图 3.9)。

　　兴安盟大豆农业气候区划指数 P 最小值为 0.44,最大值为 0.76。P 由东南向西北逐渐递减,高值区分布在大兴安岭东南麓的扎赉特旗、科尔沁右翼前旗东南部、突泉县东南部、科尔沁右翼中旗东南部地区,低值区主要分布在兴安盟西北部热量欠缺的阿尔山等地区。

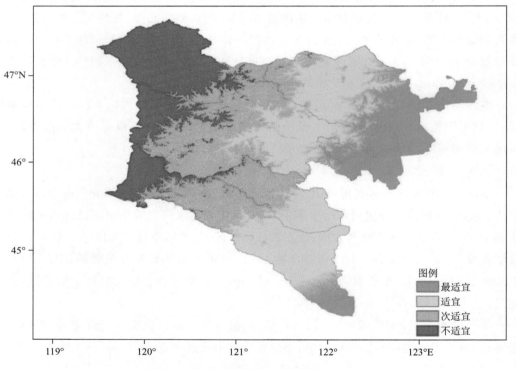

图 3.9　兴安盟大豆精细化农业气候区划

①最适宜气候区

本区大豆农业气候区划指数 P≥0.70,面积约为 0.85 万 km²,占全盟总面积的

15.4%。本区位于兴安盟东南部主要地区,包括扎赉特旗东南部、科尔沁右翼前旗东南部、科尔沁右翼中旗东南部地区。本区≥10 ℃活动积温超过 2800 ℃·d,无霜期日数 130～140 d,大豆生长发育关键期(中/7—中/8)平均气温 23～24 ℃,生长季降水量 300～350 mm,光照充足。

本区热量最丰富,降水略有不足,光照充足,昼夜温差大,大豆生长发育关键期雨热同季,有利于大豆生产和蛋白质积累,大豆品质好。从单位面积经济效益看,本区适宜大力发展大豆种植业,大豆可以种植,也可作为轮作养地作物,适量调配种植比例。

本区大豆生产的主要限制因素是降水变率大,干旱发生频率高,干旱风险大;如果能够改变靠天吃饭的局面,大力发展灌溉农业将会大幅度提高大豆产量。本区适宜种植长生育期大豆品种,以充分利用热量资源提高大豆单产。

②适宜气候区

本区大豆农业气候区划指数 P 为 0.64～0.70,面积约为 1.88 万 km²,占全盟总面积的 34.2%。本区位于兴安盟东南部地区,包括扎赉特旗西北部、科尔沁右翼前旗东南部、突泉县东南部、科尔沁右翼中旗东南部地区。本区≥10 ℃活动积温 2500～2800 ℃·d,无霜期日数 115～135 d,大豆生长发育关键期(中/7—中/8)平均气温 21～22 ℃,生长季降水量 350～400 mm,光照充足。

本区热量丰富,降水适中,光照充足,昼夜温差大,大豆生长发育关键期雨热同季,有利于大豆生产和蛋白质积累,大豆品质好。从单位面积经济效益看,本区适宜种植大豆中熟品种,大豆可以种植,也可作为轮作养地作物,适量调配种植比例。

本区大豆生产的主要限制因素是降水变率大,干旱发生频率高,干旱风险大;如果能够改变靠天吃饭的局面,大力发展灌溉农业将会大幅度提高大豆产量。

③次适宜气候区

本区大豆农业气候区划指数 P 为 0.58～0.64,面积约为 1.63 万 km²,占全盟总面积的 29.6%。本区位于兴安盟西部地区,包括科尔沁右翼前旗西北部、突泉县西北部、科尔沁右翼中旗西北部地区。本区≥10 ℃活动积温 1900～2500 ℃·d,无霜期日数 100～130 d,大豆生长发育关键期(中/7—中/8)平均气温 20～21 ℃,生长季降水量 400～450 mm,光照充足。

本区降水适中,热量略有不足,光照充足。本区可发展大豆中早熟品种,霜冻风险相对高。

④不适宜气候区

本区大豆农业气候区划指数 P<0.58,面积约为 1.15 万 km²,占全盟总面积的 20.8%。本区位于兴安盟西部地区,包括阿尔山、科尔沁右翼前旗西北部、科尔沁右翼中旗西北部地区。本区≥10 ℃活动积温不足 1900 ℃·d,无霜期日数 50～90 d,大豆生长发育关键期(中/7—中/8)平均气温 14～18 ℃,生长季降水量 400～450 mm。

本区是兴安盟降水最多地区,但热量严重不足。热量条件不能满足大豆正常生长发育要求,不适宜发展大豆生产。本区适宜林木业发展,农业种植只适合喜凉作物小麦、油菜、马铃薯等。

（3）通辽市大豆精细化农业气候区划及分区评述

依据表 3.10 的分级结果将通辽市划分为大豆最适宜气候区、适宜气候区、次适宜气候气和不适宜气候区（图 3.10）。

通辽市大豆农业气候区划指数 P 由东南向西北逐渐递减,高值区分布在通辽市东南部,低值区分布在通辽市西北部。

①最适宜气候区

本区大豆农业气候区划指数 $P \geqslant 0.70$,面积约为 3.75 万 km^2,占全市总面积的 63.7%。本区位于通辽市东南部地区,包括科尔沁左翼后旗、库伦旗、科尔沁左翼中旗、奈曼旗、开鲁县东南部。本区 $\geqslant 10$ ℃活动积温超过 3000 ℃·d,无霜期日数超过 140 d,大豆生长发育关键期（中/7—中/8）平均气温 22~24 ℃,生长季降水量 350~400 mm,光照充足。

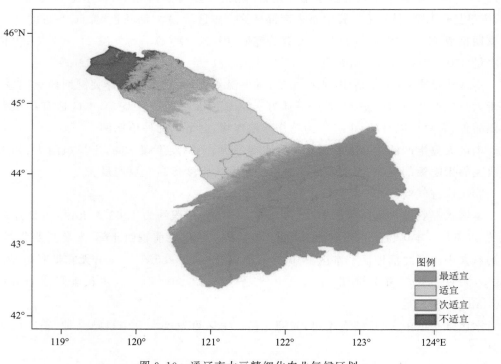

图 3.10 通辽市大豆精细化农业气候区划

本区热量丰富,降水充足,光照充足,大豆生长发育关键期雨热同季,有利于大豆生产。从单位面积经济效益看,本区适宜大力发展大豆种植业,大豆可以种植,也可作为轮作养地作物,适量调配种植比例。

本区大豆生产的主要限制因素是降水变率大,干旱发生频率高,干旱风险大,如果能够改变靠天吃饭的局面,大力发展灌溉农业将会大幅度提高大豆产量。本区适宜种植生育期长的大豆品种,以充分利用热量资源提高大豆单产。

②适宜气候区

本区大豆农业气候区划指数 P 为 0.63～0.70,面积约为 1.27 万 km^2,占全市总面积的 21.5%。本区位于通辽市中部,包括科尔沁左翼中旗和开鲁县西北部地区、扎鲁特旗东南部地区。本区≥10 ℃活动积温 2500～3000 ℃·d,无霜期日数 120～140 d,大豆生长发育关键期(中/7—中/8)平均气温 22～23 ℃,生长季降水量 350～400 mm,光照充足。

本区热量仅次于东南部地区,降水充足,光照充足,大豆生长发育关键期雨热同季,有利于大豆生产和蛋白质积累。从单位面积经济效益看,本区适宜大力发展大豆种植业,大豆可以种植,也可作为轮作养地作物,适量调配种植比例。

本区大豆生产的主要限制因素是降水变率大,干旱发生频率高,干旱风险大;如果能够改变靠天吃饭的局面,大力发展灌溉农业将会大幅度提高大豆产量。

③次适宜气候区

本区大豆农业气候区划指数 P 为 0.57～0.63,面积约为 0.63 万 km^2,占全市总面积的 10.7%。本区位于扎鲁特旗西北部,≥10 ℃活动积温 1900～2500 ℃·d,无霜期日数 100～120 d,大豆生长发育关键期(中/7—中/8)平均气温 20～21 ℃,生长季降水量 350～400 mm,光照充足。

本区降水适中,热量不足,光照充足。本区可发展大豆中早熟品种,霜冻风险相对高。

④不适宜气候区

本区大豆农业气候区划指数 P<0.57,面积约为 0.24 万 km^2,占全市总面积的 4.1%。本区位于扎鲁特旗西北部,≥10 ℃活动积温小于 1900 ℃·d,无霜期日数 60～100 d,生长季降水量 400～450 mm。

本区降水较多,但热量严重不足。热量条件不能满足大豆正常生长发育要求,不适宜发展大豆生产。本区适宜林木业发展,农业种植只适合喜凉作物小麦、油菜、马铃薯等。

(4)赤峰市大豆精细化农业气候区划及分区评述

依据表 3.10 的分级结果将赤峰市划分为大豆最适宜气候区、适宜气候区、次适宜气候区和不适宜气候区(图 3.11)。

赤峰市大豆农业气候区划指数 P 由东南向西北逐渐递减,高值区分布在赤峰市东南部,低值区分布在赤峰市西北部。

①最适宜气候区

本区大豆农业气候区划指数 P≥0.70,面积约为 1.54 万 km^2,占全市总面积的 17.7%。本区位于赤峰市东南部主要区域,包括敖汉旗、宁城县和喀喇沁旗部分区域。本区≥10 ℃活动积温为 3000～3500 ℃·d,无霜期日数 140～160 d,大豆生长发育关键期(中/7～中/8)平均气温 22～24 ℃,生长季降水量 350～400 mm,光照充足。

本区是赤峰市热量最多的地区,降水量较多,光照充足,昼夜温差大,大豆生长发育

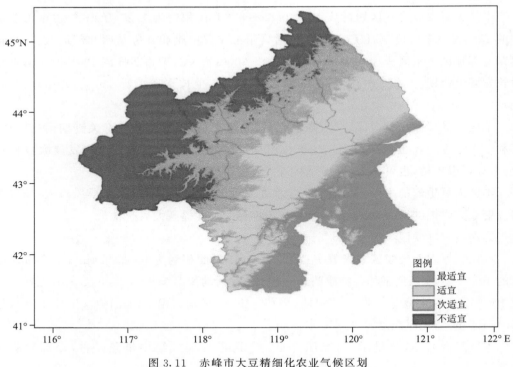

图 3.11 赤峰市大豆精细化农业气候区划

关键期雨热同季,有利于大豆生产和蛋白质积累,大豆品质好。从单位面积经济效益看,本区适宜大力发展大豆种植业,大豆可以种植,也可作为轮作养地作物,适量调配种植比例。

本区大豆生产的主要限制因素是降水变率大,干旱发生频率高,干旱风险大;如果能够改变靠天吃饭的局面,大力发展灌溉农业将会大幅度提高大豆产量。本区适宜种植长生育期大豆品种,以充分利用热量资源提高大豆单产。

②适宜气候区

本区大豆农业气候区划指数 P 为 $0.65\sim0.70$,面积约为 2.68 万 km^2,占全市总面积的 30.8%。本区位于赤峰市中部偏东南区域,包括阿鲁科尔沁旗南部、翁牛特旗东部、巴林右旗东部、宁城县和喀喇沁旗部分地区。本区 ≥10 ℃活动积温 $2500\sim3000$ ℃·d,无霜期日数 $120\sim140$ d,大豆生长发育关键期(中/7—中/8)平均气温 $21\sim22$ ℃,生长季降水量 $350\sim400$ mm,光照充足。

本区热量适中,降水充足,光照充足,昼夜温差大,大豆生长发育关键期雨热同季,有利于大豆生产和蛋白质积累,大豆品质好。

本区大豆生产的主要限制因素是降水变率大,干旱发生频率高,干旱风险大;如果能够改变靠天吃饭的局面,大力发展灌溉农业将会大幅度提高大豆产量。本区适宜种植长生育期大豆品种,以充分利用热量资源提高大豆单产。

③次适宜气候区

本区大豆农业气候区划指数 P 为 $0.60\sim0.65$,面积约为 2.09 万 km^2,占全市总面积的 24%。本区位于赤峰市中部偏西北区域,包括阿鲁科尔沁旗北部、巴林左旗中部、翁牛特旗西部、巴林右旗北部部分地区。本区 $\geqslant10\ ℃$ 活动积温 $1900\sim2500\ ℃\cdot d$,无霜期日数 $100\sim120\ d$,大豆生长发育关键期(中/7—中/8)平均气温 $20\sim21\ ℃$,生长季降水量 $400\sim450\ mm$,光照充足。

本区降水适中,热量略有不足,光照充足。本区可发展大豆中早熟品种,霜冻风险相对高。

④不适宜气候区

本区大豆农业气候区划指数 $P<0.60$,面积约为 2.39 万 km^2,占全市总面积的 27.5%。本区位于赤峰市西北部地区,包括克什克腾旗大部、林西县北部、阿鲁科尔沁旗北部、巴林左旗北部、巴林右旗北部部分地区。本区 $\geqslant10\ ℃$ 活动积温不足 $1900\ ℃\cdot d$,无霜期日数 $80\sim100\ d$,生长季降水量 $350\sim450\ mm$。

本区是赤峰市降水最多的地区,但热量严重不足。热量条件不能满足大豆正常生长发育要求,不适宜发展大豆生产。本区海拔较高,适宜林牧业发展。

(5)乌兰察布市大豆精细化农业气候区划及分区评述

依据表 3.10 的分级结果将乌兰察布市划分为大豆最适宜气候区、适宜气候区、次适宜气候区和不适宜气候区(图 3.12)。

乌兰察布市大豆农业气候区划指数 P 由东南向西北逐渐递减,高值区分布在乌兰察布市东南部,低值区分布在乌兰察布市西北部。

①最适宜气候区

本区大豆农业气候区划指数 $P\geqslant0.62$,面积约为 1.19 万 km^2,占全市总面积的 22%。本区位于乌兰察布市东南部地区,包括凉城县、丰镇市、兴和县和集宁区。本区 $\geqslant10\ ℃$ 活动积温超过 $2700\sim3000\ ℃\cdot d$,无霜期日数 $110\sim140\ d$,大豆生长发育关键期(中/7—中/8)平均气温 $20\sim22\ ℃$,生长季降水量 $300\sim350\ mm$,光照充足。

本区是乌兰察布市热量较多的地区,降水量最多,光照充足,昼夜温差大,大豆生长发育关键期雨热同季,适宜发展大豆生产。

本区大豆生产的主要限制因素是降水变率大,干旱发生频率高,干旱风险大;如果能够改变靠天吃饭的局面,大力发展灌溉农业将会大幅度提高大豆产量。

②适宜气候区

本区大豆农业气候区划指数 P 为 $0.57\sim0.62$,面积约为 1.61 万 km^2,占全市总面积的 29.5%。本区位于乌兰察布市中部偏东,包括化德县、丰镇市、商都县南部、察哈尔右翼后旗等地区。本区 $\geqslant10\ ℃$ 活动积温 $2400\sim2700\ ℃\cdot d$,无霜期日数 $100\sim120\ d$,大豆生长发育关键期(中/7—中/8)平均气温 $19\sim21\ ℃$,生长季降水量 $300\sim350\ mm$,光照充足。

本区热量略有不足,降水欠缺,光照充足,昼夜温差大,大豆生长发育关键期雨热同季,利于大豆生产。

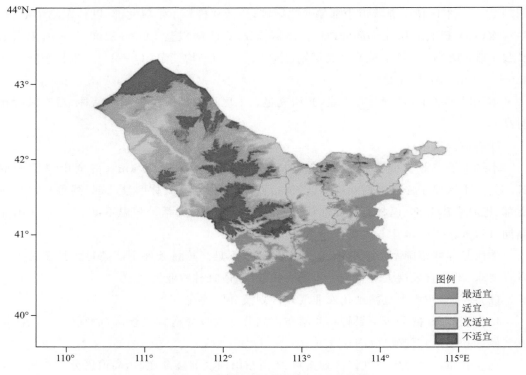

图 3.12　乌兰察布市大豆精细化农业气候区划

本区大豆生产的主要限制因素是降水变率大,干旱发生频率高,干旱风险大;如果能够改变靠天吃饭的局面,大力发展灌溉农业将会提高大豆产量。本区适宜种植中早熟大豆品种。

③次适宜气候区

本区大豆农业气候区划指数 P 为 0.55~0.57,面积约为 1.77 万 km²,占全市总面积的 32.6%。本区位于乌兰察布市西北部,包括化德县北部、商都县北部、察哈尔右翼中旗、四子王旗等部分地区。本区≥10 ℃活动积温 1900~2400 ℃·d,无霜期日数 120~140 d,大豆生长发育关键期(中/7—中/8)平均气温 18~20 ℃,生长季降水量 250~300 mm,光照充足。

本区虽然热量够用,但降水欠缺,光热水匹配不合理。本区大豆生产的主要限制因素是降水不足,干旱发生频率高,干旱风险大,本区不建议发展大豆生产,可适当发展耐旱作物。

④不适宜气候区

本区大豆农业气候区划指数 $P < 0.55$,面积约为 0.87 万 km²,占全市总面积的 15.9%。本区位于乌兰察布市中部,包括察哈尔右翼中旗、四子王旗等部分地区。本区≥10 ℃活动积温小于 1900 ℃·d,无霜期日数 80~100 d,生长季降水量 250~300 mm。

本区是乌兰察布市热量最少的地区,热量严重不足,不能满足大豆生长发育及产量形成需求,不适宜发展大豆生产。

(6)呼和浩特市大豆精细化农业气候区划

依据表 3.10 的分级结果将呼和浩特市划分为大豆最适宜气候区、适宜气候区、次适宜气候区和不适宜气候区(图 3.13)。

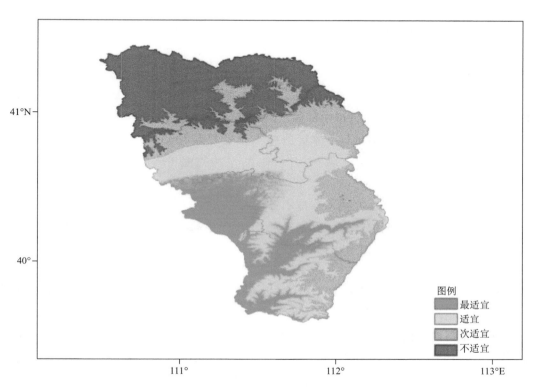

图 3.13　呼和浩特市大豆精细化农业气候区划

呼和浩特市大豆农业气候区划指数 P 由北向南逐渐增大,高值区分布在呼和浩特市南部的清水河、和林格尔县,低值区分布在北部的武川县。

①最适宜气候区

本区大豆农业气候区划指数 $P \geqslant 0.63$,面积约为 0.28 万 km²,占全市总面积的16.1%。本区位于呼和浩特市南部偏西,包括清水河西部和托克托县大部地区。本区 $\geqslant 10$ ℃活动积温 3000~3500 ℃·d,无霜期日数 120~150 d,大豆生长发育关键期(中/7—中/8)平均气温 21~23 ℃,生长季降水量 300~350 mm,光照充足。

本区是呼和浩特市热量较多的地区,降水量欠缺,光照充足,昼夜温差大。

本区大豆生产的主要限制因素是降水变率大,干旱发生频率高,干旱风险大;如果能够改变靠天吃饭的局面,大力发展灌溉农业将会提高大豆产量。

②适宜气候区

本区大豆农业气候区划指数 P 为 0.61~0.63,面积约为 0.58 万 km²,占全市总面

43

积的 33.8%。本区位于呼和浩特市中部,最适宜区的外围,包括清水河中部、和林格尔县大部、土默特左旗南部和呼和浩特市南部等地区。本区≥10 ℃活动积温 2500～3000 ℃·d,无霜期日数 100～120 d,大豆生长发育关键期(中/7—中/8)平均气温 20～22 ℃,生长季降水量 300～350 mm,光照充足。

本区热量适中,降水欠缺,光照充足,昼夜温差大,大豆生长发育关键期雨热同季,利于大豆生产。

本区大豆生产的主要限制因素是降水变率大,干旱发生频率高,干旱风险大;如果能够改变靠天吃饭的局面,大力发展灌溉农业将会大幅度提高大豆产量。

③次适宜气候区

本区大豆农业气候区划指数 P 为 0.55～0.61,面积约为 0.41 万 km²,占全市总面积的 23.9%。本区位于呼和浩特市中部偏东,包括清水河东部、和林格尔县东部、土默特左旗北部和呼和浩特市北部等地区。本区≥10 ℃活动积温 1900～2500 ℃·d,无霜期日数 100～120 d,大豆生长发育关键期(中/7—中/8)平均气温 19～20 ℃,生长季降水量 300～350 mm,光照充足。

本区热量不足,降水欠缺,光热水匹配不合理。

本区大豆生产的主要限制因素是降水不足,干旱发生频率高,干旱风险大,本区不建议发展大豆生产,可适当发展耐旱作物。

④不适宜气候区

本区大豆农业气候区划指数 $P < 0.55$,面积约为 0.45 万 km²,占全市总面积的 26.2%。本区位于大青山北坡,包括武川县大部地区。本区≥10 ℃活动积温小于 1900 ℃·d,无霜期日数 80～100 d,生长季降水量 200～250 mm。本区是呼和浩特市热量最少的地区,热量条件相对欠缺,不能满足大豆生长发育及产量形成需求;降水量也小,依靠天然降水不能满足大豆生长发育所需,不适宜发展大豆生产。

3.4.3.2 旗(县)大豆精细化农业气候区划及分区评述

(1)鄂伦春自治旗大豆精细化气候区划及分区评述

依据表 3.11 的分级结果将鄂伦春自治旗划分为大豆最适宜气候区、适宜气候区、次适宜气候区和不适宜气候区(图 3.14)。

①最适宜气候区

本区大豆农业气候区划指数 $P ≥ 0.61$,面积约为 1.61 万 km²,占全旗总面积的 29%。本区位于鄂伦春自治旗东南部,呈东北—西南走向的带状区域,也是鄂伦春自治旗的主要大豆生产区。本区≥10 ℃活动积温 2200～2400 ℃·d,无霜期日数 80～110 d,生长季降水量 350～400 mm,光照充足。

本区热量不足,降水充沛,光照充足,昼夜温差大,有利于大豆脂肪的积累,大豆品质相对较好。

本区大豆生产的主要限制因素是热量不足,秋季降温快,秋季霜冻风险大,适宜种植早熟品种。

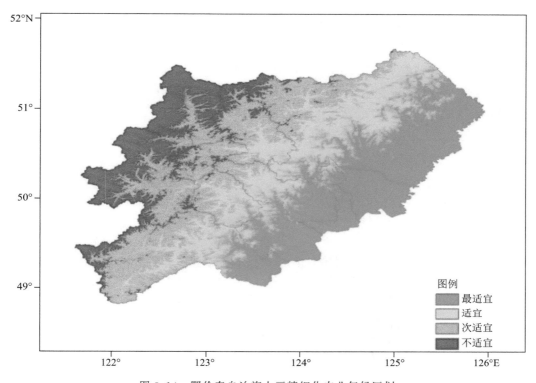

图 3.14　鄂伦春自治旗大豆精细化农业气候区划

②适宜气候区

本区大豆农业气候区划指数 P 为 0.58～0.61,面积约为 1.52 万 km^2,占全旗总面积的 28%。本区位于鄂伦春自治旗中部,呈东北—西南走向的带状区域。本区≥10 ℃活动积温 2000～2200 ℃·d,无霜期日数 70～90 d,生长季降水量 350～400 mm,光照充足。

本区热量不足,降水充沛,光照充足,昼夜温差大。

本区大豆生产的主要限制因素是热量不足,秋季霜冻风险大,适宜种植极早熟品种。

③次适宜气候区

本区大豆农业气候区划指数 P 为 0.54～0.58,面积约为 1.52 万 km^2,占全旗总面积的 28%。本区位于鄂伦春自治旗中部偏西北,呈东北—西南走向的带状区域。本区 ≥10 ℃活动积温 1900～2000 ℃·d,无霜期日数 70～80 d,生长季降水量 350～400 mm,光照充足。

本区降水充沛,热量严重不足,光照充足。

本区大豆生产的主要限制因素是热量不足,秋季霜冻风险大,偏东南的部分地区适宜种植极早熟品种。

④不适宜气候区

本区大豆农业气候区划指数 P<0.54,面积约为 0.82 万 km^2,占全旗总面积的 15%。本区位于鄂伦春自治旗最北部,呈东北—西南走向的带状区域。本区≥10 ℃活动

积温不足 1900 ℃·d,无霜期日数少于 60 d,生长季降水量 350～450 mm。

本区热量严重不足,热量条件不能满足大豆正常生长发育要求,不适宜发展大豆生产,本区适宜发展林牧业。

(2)莫力达瓦达斡尔族自治旗大豆精细化农业气候区划及分区评述

依据表 3.11 的分级结果将莫力达瓦达斡尔族自治旗划分为大豆最适宜气候区、适宜气候区、次适宜气候区和不适宜气候区(图 3.15)。

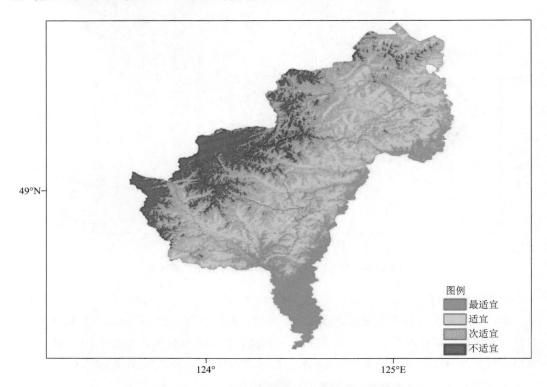

图 3.15　莫力达瓦达斡尔族自治旗大豆精细化农业气候区划

①最适宜气候区

本区大豆农业气候区划指数 $P \geqslant 0.68$,面积约为 0.15 万 km² ,占全旗总面积的 15%。本区位于莫力达瓦达斡尔族自治旗东南部,也是莫力达瓦达斡尔族自治旗的主要农业区。本区 $\geqslant 10$ ℃活动积温 2400～2700 ℃·d,无霜期日数 110～140 d,生长季降水量 350～400 mm,光照充足。

本区热量丰富,降水充足,光照充足,昼夜温差大,大豆生长发育关键期雨热同季,有利于大豆生产和脂肪积累,大豆品质好。

本区大豆生产的主要限制因素是降水变率大,干旱发生频率高,干旱风险大;秋季降温快,秋季霜冻风险大。

②适宜气候区

本区大豆农业气候区划指数 P 为 0.66～0.68,面积约为 0.37 万 km² ,占全旗总面积的

36％。本区位于莫力达瓦达斡尔族自治旗中部地区,在最适宜区的北边。本区≥10 ℃活动积温 2200~2400 ℃·d,无霜期日数 100~120 d,生长季降水量 350~400 mm,光照充足。

本区热量略有不足,降水充沛,光照充足,昼夜温差大。

本区大豆生产的主要限制因素是热量不足,秋季霜冻风险大,适宜种植早熟品种。

③次适宜气候区

本区大豆农业气候区划指数 P 为 0.64~0.66,面积约为 0.36 万 km²,占全旗总面积的35％。本区位于莫力达瓦达斡尔族自治旗中部偏西北,在适宜区的北边。本区≥10 ℃活动积温 1900~2200 ℃·d,无霜期日数 80~100 d,生长季降水量 350~400 mm,光照充足。

本区降水充沛,热量不足,光照充足。

本区大豆生产的主要限制因素是热量不足,秋季霜冻风险大,适宜种植极早熟品种。

④不适宜气候区

本区大豆农业气候区划指数 $P<0.64$,面积约为 0.15 万 km²,占全旗总面积的14％。本区位于莫力达瓦达斡尔族自治旗最北部。本区≥10 ℃活动积温不足1900 ℃·d,无霜期日数 80 d 以内,生长季降水量 400~450 mm。

本区热量严重不足,热量条件不能满足大豆正常生长发育要求,不适宜发展大豆生产。本区适宜林牧业发展。

(3)阿荣旗大豆精细化农业气候区划及分区评述

依据表 3.11 的分级结果将阿荣旗划分为大豆最适宜气候区、适宜气候区、次适宜气候区和不适宜气候区(图 3.16)。

①最适宜气候区

本区大豆农业气候区划指数 $P≥0.65$,面积约为 0.36 万 km²,占全旗总面积的33％。本区位于阿荣旗东南部,呈东北—西南走向的带状区域,也是阿荣旗的主要大豆生产区。本区≥10 ℃活动积温 2400~2600 ℃·d,无霜期日数 100~130 d,生长季降水量 350~400 mm,光照充足。

本区热量丰富,降水充足,光照充足,昼夜温差大,大豆生长发育关键期雨热同季,有利于大豆生产和脂肪积累,大豆品质好。

本区大豆生产的主要限制因素是降水变率大,干旱发生频率高,干旱风险大;秋季降温快,秋季霜冻风险大。

②适宜气候区

本区大豆农业气候区划指数 P 为 0.62~0.65,面积约为 0.31 万 km²,占全旗总面积的28％。本区位于阿荣旗中部,在最适宜区的北边。本区≥10 ℃活动积温 2200~2400 ℃·d,无霜期日数 100~120 d,生长季降水量 350~400 mm,光照充足。

本区热量略有不足,降水充沛,光照充足,昼夜温差大。

本区大豆生产的主要限制因素是热量不足,秋季霜冻风险大,适宜种植早熟品种。

③次适宜气候区

本区大豆农业气候区划指数 P 为 0.59~0.62,面积约为 0.27 万 km²,占全旗总面

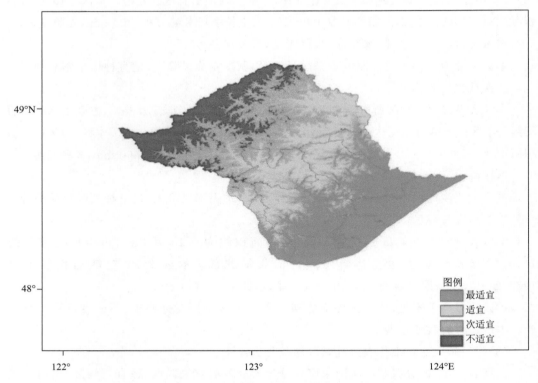

图 3.16　阿荣旗大豆精细化农业气候区划

积的 24%。本区位于阿荣旗中部偏西北,在适宜区的北边。本区≥10 ℃活动积温 1900~
2200 ℃·d,无霜期日数 80~100 d,生长季降水量 350~400 mm,光照充足。

本区降水充沛,光照充足,热量不足。

本区大豆生产的主要限制因素是热量不足,秋季霜冻风险大,部分地区适宜种植极
早熟品种。

④不适宜气候区

本区大豆农业气候区划指数 $P<0.59$,面积约为 0.16 万 km²,占全旗总面积的
15%。本区位于阿荣旗最北部。本区≥10 ℃活动积温不足 1900 ℃·d,无霜期日数 80 d
以内,生长季降水量 400~450 mm。

本区热量严重不足,热量条件不能满足大豆正常生长发育要求,不适宜发展大豆生
产,本区适宜发展林牧业。

(4)扎兰屯市大豆精细化农业气候区划及分区评述

依据表 3.11 的分级结果将扎兰屯市划分为大豆最适宜气候区、适宜气候区、次适宜
气候区和不适宜气候区(图 3.17)。

①最适宜气候区

本区大豆农业气候区划指数 $P\geqslant0.62$,面积约为 0.49 万 km²,占全市总面积的
29%。本区位于扎兰屯市东部偏南,呈东北—西南走向的带状区域,也是扎兰屯市的主

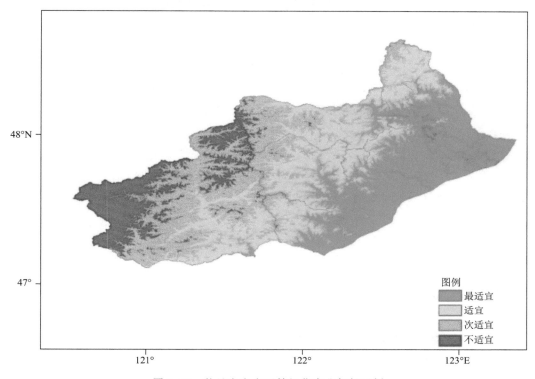

图 3.17　扎兰屯市大豆精细化农业气候区划

要大豆生产区。本区≥10 ℃活动积温 2400～2600 ℃·d,无霜期日数 120～140 d,生长季降水量 350～400 mm,光照充足。

本区热量丰富,降水充足,光照充足,昼夜温差大,大豆生长发育关键期雨热同季,有利于大豆生产和蛋白质的积累,大豆品质好。

本区大豆生产的主要限制因素是降水变率大,干旱发生频率高,干旱风险大;秋季降温快,秋季霜冻风险较高。

②适宜气候区

本区大豆农业气候区划指数 P 为 0.59～0.62,面积约为 0.53 万 km²,占全市总面积的 32%。本区位于扎兰屯市中部,在最适宜区的北边。本区≥10 ℃活动积温 2200～2400 ℃·d,无霜期日数 100～120 d,生长季降水量 350～400 mm,光照充足。

本区热量略有不足,降水充沛,光照充足,昼夜温差大。本区大豆生产的主要限制因素是热量略有不足,秋季霜冻风险大,适宜种植中早熟品种。

③次适宜气候区

本区大豆农业气候区划指数 P 为 0.54～0.59,面积约为 0.45 万 km²,占全市总面积的 27%。本区位于扎兰屯市中部偏西地区,在适宜区的北部。本区≥10 ℃活动积温 1900～2200 ℃·d,无霜期日数 90～100 d,生长季降水量 350～400 mm,光照充足。

本区降水充沛,光照充足,热量不足。本区大豆生产的主要限制因素是热量不足,部分地区适宜种植极早熟品种。

④不适宜气候区

本区大豆农业气候区划指数 $P<0.54$,面积约为 0.21 万 km²,占全市总面积的 12%。本区位于扎兰屯市西部偏北,次适宜气候区的西部。本区≥10 ℃活动积温不足 1900 ℃·d,无霜期日数 80 d 以内,生长季降水量 450～500 mm。

本区热量严重不足,热量条件不能满足大豆正常生长发育要求,不适宜发展大豆生产,本区适宜发展林牧业。

(5)扎赉特旗大豆精细化农业气候区划及分区评述

依据表 3.12 的分级结果将扎赉特旗划分为大豆最适宜气候区、适宜气候区、次适宜气候区和不适宜气候区(图 3.18)。

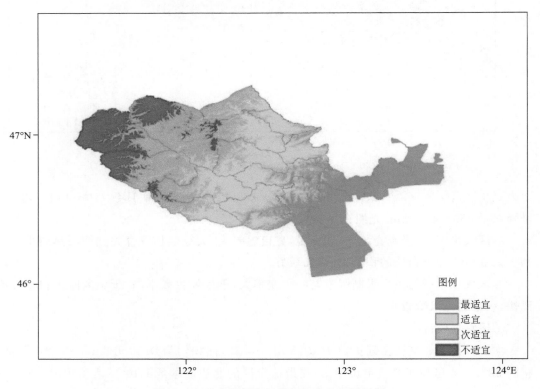

图 3.18　扎赉特旗大豆精细化农业气候区划

①最适宜气候区

本区大豆农业气候区划指数 $P≥0.69$,面积约为 0.31 万 km²,占全旗总面积的 28%。本区位于扎赉特旗东南部,也是扎赉特旗的主要大豆生产区。本区≥10 ℃活动积温 2700～2900 ℃·d,无霜期日数 140～160 d,生长季降水量 350～400 mm,光照充足。

本区热量丰富,降水充足,光照足,昼夜温差大,大豆生长发育关键期雨热同季,有利于大豆生产和蛋白质积累,大豆品质好。从单位面积经济效益看,本区适宜大力发展大豆种植业。

本区大豆生产的主要限制因素是降水变率大,干旱发生频率高,干旱风险大;如果能够改变靠天吃饭的局面,大力发展灌溉农业将会大幅度提高大豆产量。本区适宜种植生育期长的晚熟大豆品种,以充分利用热量资源提高大豆单产。

②适宜气候区

本区大豆农业气候区划指数 P 为 0.66～0.69,面积约为 0.37 万 km²,占全旗总面积的 33%。本区位于扎赉特旗中部偏东,在最适宜区的西边。本区≥10 ℃活动积温 2400～2700 ℃·d,无霜期日数 120～140 d,生长季降水量 350～400 mm,光照充足。

本区热量丰富,降水充足,光照足,昼夜温差大,大豆生长发育关键期雨热同季,有利于大豆生产和蛋白质积累,大豆品质好。从单位面积经济效益看,本区适宜大力发展大豆种植业。

本区大豆生产的主要限制因素是降水变率大,干旱发生频率高,干旱风险大;如果能够改变靠天吃饭的局面,大力发展灌溉农业将会大幅度提高大豆产量。本区适宜种植中晚熟大豆品种,以充分利用热量资源提高大豆单产。

③次适宜气候区

本区大豆农业气候区划指数 P 为 0.63～0.66,面积约为 0.29 万 km²,占全旗总面积的 26%。本区位于扎赉特旗中部偏西北,在适宜区的西边。本区≥10 ℃活动积温 1900～2400 ℃·d,无霜期日数 100～120 d,生长季降水量 350～400 mm,光照充足。

本区降水充沛,光照充足,热量略有不足。

本区大豆生产的主要限制因素是降水变率大,干旱发生频率高,干旱风险大;另外霜冻风险也较大。本区适宜种植中早熟品种,可适当发展牧业和林业生产。

④不适宜气候区

本区大豆农业气候区划指数 P < 0.63,面积约为 0.14 万 km²,占全旗总面积的 12%。本区位于扎赉特旗最西部偏北,次适宜气候区的西边。本区≥10 ℃活动积温小于 1900 ℃·d,无霜期日数 90 d 以内,生长季降水量 350～400 mm。

本区热量欠缺,不能满足早熟大豆生长发育要求,不适宜发展大豆生产,本区适宜发展林牧业和喜凉作物。

(6)科尔沁右翼前旗大豆精细化农业气候区划及分区评述

依据表 3.12 的分级结果将科尔沁右翼前旗划分为大豆最适宜气候区、适宜气候区、次适宜气候区和不适宜气候区(图 3.19)。

①最适宜气候区

本区大豆农业气候区划指数 P ≥0.65,面积约为 0.37 万 km²,占全旗总面积的 22%。本区位于科尔沁右翼前旗最东部,也是科尔沁右翼前旗的主要大豆生产区。本区 ≥10 ℃活动积温 2600～3000 ℃·d,无霜期日数 130～150 d,生长季降水量 350～ 400 mm,光照充足。

本区热量丰富,降水充足,光照足,昼夜温差大,大豆生长发育关键期雨热同季,有利

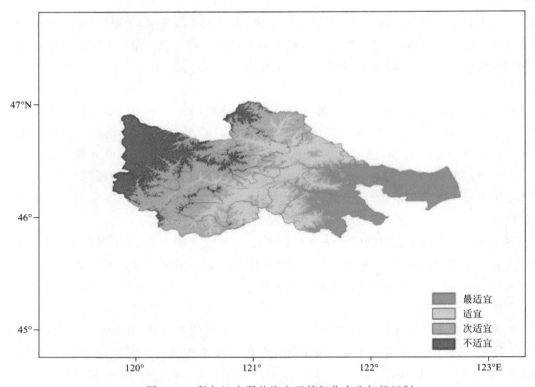

图 3.19　科尔沁右翼前旗大豆精细化农业气候区划

于大豆生产和蛋白质积累,大豆品质好。从单位面积经济效益看,本区适宜大力发展大豆种植业,大豆也可作为轮作养地作物,适量调配种植比例。

本区大豆生产的主要限制因素是降水变率大,干旱发生频率高,干旱风险大;如果能够改变靠天吃饭的局面,大力发展灌溉农业将会大幅度提高大豆产量。本区适宜种植长生育期晚熟大豆品种,以充分利用热量资源提高大豆单产。

②适宜气候区

本区大豆农业气候区划指数 P 为 $0.61\sim0.65$,面积约为 0.47 万 km^2,占全旗总面积的 28%。本区位于科尔沁右翼前旗中部偏东,在最适宜区的西边。本区≥10 ℃活动积温 $2300\sim2600$ ℃·d,无霜期日数 $120\sim140$ d,热量条件略差于最适宜区,生长季降水量 $350\sim400$ mm,光照充足。

本区热量丰富,降水充足,光照足,昼夜温差大,大豆生长发育关键期雨热同季,有利于大豆生产和蛋白质的积累,大豆品质好。从单位面积经济效益看,本区适宜大力发展大豆种植业,大豆可以种植,也可作为轮作养地作物,适量调配种植比例。

本区大豆生产的主要限制因素是降水变率大,干旱发生频率高,干旱风险大;如果能够改变靠天吃饭的局面,大力发展灌溉农业将会大幅度提高大豆产量。本区适宜种植中熟大豆品种,以充分利用热量资源提高大豆单产。

③次适宜气候区

本区大豆农业气候区划指数 P 为 0.56~0.61,面积约为 0.56 万 km²,占全旗总面积的 34%。本区位于科尔沁右翼前旗中部偏西,在适宜区的西边。本区≥10 ℃活动积温 1900~2300 ℃·d,无霜期日数 100~120 d,生长季降水量 350~400 mm,光照充足。

本区降水充沛,光照充足,热量略有不足。

本区大豆生产的主要限制因素是降水变率大,干旱发生频率高,干旱风险大;另外霜冻风险也较大。本区适宜种植中早熟品种,适当发展牧业和林业生产。

④不适宜气候区

本区大豆农业气候区划指数 P<0.56,面积约为 0.27 万 km²,占全旗总面积的 16%。本区位于科尔沁右翼前旗最西部偏北,次适宜气候区的西北边。本区≥10 ℃活动积温小于 1900 ℃·d,无霜期日数 70~90 d,生长季降水量 350~450 mm。

本区虽然光热水能够满足早熟大豆生长发育要求,但本区海拔高度超过 800 m,以山地为主,不适宜发展大豆生产,本区适宜发展林牧业和喜凉作物。

(7)突泉县大豆精细化农业气候区划及分区评述

依据表 3.12 的分级结果将突泉县划分为大豆最适宜气候区、适宜气候区、次适宜气候区和不适宜气候区(图 3.20)。

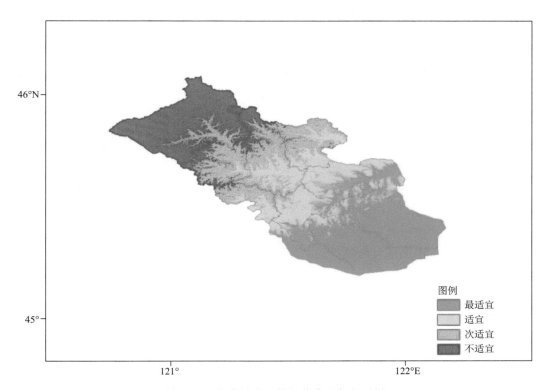

图 3.20　突泉县大豆精细化农业气候区划

①最适宜气候区

本区大豆农业气候区划指数 $P \geqslant 0.66$，面积约为 0.15 万 km²，占全县总面积的 32%。本区位于突泉县东南部，也是突泉县的主要大豆生产区。本区 $\geqslant 10\ ℃$ 活动积温 2800～3200 ℃·d，无霜期日数 130～150 d，生长季降水量 350～400 mm，光照充足。

本区热量丰富，降水充足，光照足，昼夜温差大，大豆生长发育关键期雨热同季，有利于大豆生产和蛋白质积累，大豆品质好。从单位面积经济效益看，本区适宜大力发展大豆种植业，大豆可以种植，也可作为轮作养地作物，适量调配种植比例。

本区大豆生产的主要限制因素是降水变率大，干旱发生频率高，干旱风险大；如果能够改变靠天吃饭的局面，大力发展灌溉农业将会大幅度提高大豆产量。本区适宜种植长生育期晚熟大豆品种，以充分利用热量资源提高大豆单产。

②适宜气候区

本区大豆农业气候区划指数 P 为 0.64～0.66，面积约为 0.11 万 km²，占全县总面积的 24%。本区位于突泉县中部偏东南，在最适宜区的西北边。本区 $\geqslant 10\ ℃$ 活动积温 2400～2800 ℃·d，无霜期日数 120～140 d，热量条件略差于最适宜区，生长季降水量 350～400 mm，光照充足。

本区热量丰富，降水充足，光照足，昼夜温差大，大豆生长发育关键期雨热同季，有利于大豆生产和蛋白质积累，大豆品质好。从单位面积经济效益看，本区适宜发展大豆种植业。

本区大豆生产的主要限制因素是降水变率大，干旱发生频率高，干旱风险大；如果能够改变靠天吃饭的局面，大力发展灌溉农业将会大幅度提高大豆产量。本区适宜种植中晚熟大豆品种，以充分利用热量资源提高大豆单产。

③次适宜气候区

本区大豆农业气候区划指数 P 为 0.62～0.64，面积约为 0.10 万 km²，占全县总面积的 21%。本区位于突泉县中部偏西北，在适宜区的西北边。本区 $\geqslant 10\ ℃$ 活动积温 1900～2400 ℃·d，无霜期日数 100～120 d，生长季降水量 350～400 mm，光照充足。

本区降水充沛，光照充足，热量条件略差于适宜区。

本区大豆生产的主要限制因素是降水变率大，干旱发生频率高，干旱风险大；另外，霜冻风险也较大。本区适宜种植早熟品种，适当发展牧业和林业生产。

④不适宜气候区

本区大豆农业气候区划指数 $P < 0.62$，面积约为 0.11 万 km²，占全县总面积的 23%。本区位于突泉县最西部偏北，次适宜气候区的西北边。本区 $\geqslant 10\ ℃$ 活动积温小于 1900 ℃·d，无霜期日数 70～90 d，热量条件相对较差，生长季降水量 350～400 mm。

本区热量欠缺，不能满足早熟大豆生长发育要求，不适宜发展大豆生产，本区适宜发展林牧业和喜凉作物。

(8)科尔沁右翼中旗大豆精细化农业气候区划及分区评述

依据表 3.12 的分级结果将科尔沁右翼中旗划分为大豆最适宜气候区、适宜气候区、次适宜气候区和不适宜气候区(图 3.21)。

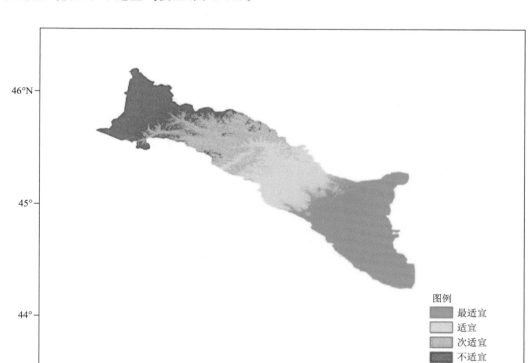

图 3.21　科尔沁右翼中旗大豆精细化农业气候区划

①最适宜气候区

本区大豆农业气候区划指数 $P \geqslant 0.70$,面积约为 0.48 万 km²,占全旗总面积的 37%。本区位于科尔沁右翼中旗东南部,也是科尔沁右翼中旗的主要大豆生产区。本区 $\geqslant 10$ ℃ 活动积温超过 3000 ℃ · d,无霜期日数 140 ～ 160 d,生长季降水量 300～350 mm,光照充足。

本区热量最丰富,降水略有不足,光照足,昼夜温差大,大豆生长发育关键期雨热同季,有利于大豆生产和蛋白质积累,大豆品质好。从单位面积经济效益看,本区适宜大力发展大豆种植业,大豆可以种植,也可作为轮作养地作物,适量调配种植比例。

本区大豆生产的主要限制因素是降水变率大,干旱发生频率高,干旱风险大;如果能够改变靠天吃饭的局面,大力发展灌溉农业将会大幅度提高大豆产量。本区适宜种植长生育期晚熟大豆品种,以充分利用热量资源提高大豆单产。

②适宜气候区

本区大豆农业气候区划指数 P 为 0.61～0.70,面积约为 0.30 万 km²,占全旗总面积的 24%。本区位于科尔沁右翼中旗中部偏东南,在最适宜区的西北边。本区 $\geqslant 10$ ℃ 活动积温 2500～3000 ℃ · d,无霜期日数 120～140 d,热量条件略差于最适宜区,生长季降水量 300～350 mm,光照充足。

本区热量丰富，降水略有不足，光照足，昼夜温差大，大豆生长发育关键期雨热同季，有利于大豆生产和蛋白质积累，大豆品质好。从单位面积经济效益看，本区适宜发展大豆种植业。

本区大豆生产的主要限制因素是降水变率大，干旱发生频率高，干旱风险大；如果能够改变靠天吃饭的局面，大力发展灌溉农业将会大幅度提高大豆产量。本区适宜种植中晚熟大豆品种，以充分利用热量资源提高大豆单产。

③次适宜气候区

本区大豆农业气候区划指数 P 为 0.57～0.61，面积约为 0.26 万 km^2，占全旗总面积的 21%。本区位于科尔沁右翼中旗中部偏西北，在适宜区的西北边。本区≥10 ℃活动积温 1900～2500 ℃·d，无霜期日数 100～120 d，生长季降水量 300～350 mm，光照充足。

本区光照充足，水热条件略差于适宜区。

本区大豆生产的主要限制因素是降水变率大，干旱发生频率高，干旱风险大；另外，霜冻风险也较大。本区适宜种植大豆早熟品种，适当发展牧业和林业生产。

④不适宜气候区

本区大豆农业气候区划指数 $P<0.57$，面积约为 0.23 万 km^2，占全旗总面积的 18%。本区位于科尔沁右翼中旗最西北部，次适宜气候区的西北边。本区≥10 ℃活动积温小于 1900 ℃·d，无霜期日数 70～90 d，热量条件相对较差，生长季降水量 300～350 mm，光照充足。

本区热量欠缺，不能满足早熟大豆生长发育要求，霜冻风险高，不适宜发展大豆生产，本区适宜发展林牧业和喜凉作物。

(9)科尔沁左翼后旗大豆精细化农业气候区划及分区评述

依据表 3.13 的分级结果将科尔沁左翼中旗划分为大豆最适宜气候区、适宜气候区，无次适宜气候区和不适宜气候区。

①最适宜气候区

本区大豆农业气候区划指数 $P≥0.74$，面积约为 0.54 万 km^2，占全旗总面积的 46%。本区位于科尔沁左翼后旗东南部，本区≥10 ℃活动积温超过 3000 ℃·d，无霜期日数 140～160 d，生长季降水量 400～450 mm，光照充足。

本区热量最丰富，降水充足，光照足，昼夜温差大，大豆生长发育关键期雨热同季，有利于大豆生产和蛋白质积累，大豆品质好。从单位面积经济效益看，本区适宜大力发展大豆种植业，大豆可以种植，可作为轮作养地作物，适量调配种植比例。

本区大豆生产的主要限制因素是降水变率大，干旱发生频率高，干旱风险大；如果能够改变靠天吃饭的局面，大力发展灌溉农业将会大幅度提高大豆产量。本区适宜种植生育期长的晚熟大豆品种，以充分利用热量资源提高大豆单产。

②适宜气候区

本区大豆农业气候区划指数 $P<0.74$，面积约为 0.61 万 km^2，占全旗总面积的

53％。本区位于科尔沁左翼后旗中部偏西北,在适宜区的西北边。本区≥10 ℃活动积温 2800～3000 ℃·d,无霜期日数 140～160 d,生长季降水量 400～450 mm,光照充足。

本区大豆生产的主要限制因素是降水变率大,干旱发生频率高,干旱风险大;本区适宜种植晚熟品种。

(10)扎鲁特旗大豆精细化农业气候区划及分区评述

依据表 3.13 的分级结果将扎鲁特旗划分为大豆最适宜气候区、适宜气候区、次适宜气候区和不适宜气候区。

①最适宜气候区

本区大豆农业气候区划指数≥0.70,面积约为 0.55 万 km²,占全旗总面积的 33％。本区位于扎鲁特旗东南部,≥10 ℃活动积温 3000～3300 ℃·d,无霜期日数 140～160 d,生长季降水量 350～400 mm,光照充足。

本区是扎鲁特旗热量最丰富的地区,降水充足,光照足,昼夜温差大,大豆生长发育关键期雨热同季,有利于大豆生产和蛋白质积累,大豆品质好。从单位面积经济效益看,本区适宜大力发展大豆种植业,大豆可以种植,可作为轮作养地作物,适量调配种植比例。

本区大豆生产的主要限制因素是降水变率大,干旱发生频率高,干旱风险大;如果能够改变靠天吃饭的局面,大力发展灌溉农业将会大幅度提高大豆产量。本区适宜种植长生育期晚熟大豆品种,以充分利用热量资源提高大豆单产。

②适宜气候区

本区大豆农业气候区划指数 P 为 0.62～0.70,面积约为 0.38 万 km²,占全旗总面积的 23％。本区位于扎鲁特旗中部偏东南,在最适宜区的西北边。本区≥10 ℃活动积温 2500～3000 ℃·d,无霜期日数 120～140 d,热量条件略差于最适宜区,生长季降水量 350～400 mm,光照充足。

本区热量丰富,降水充足,光照足,昼夜温差大,大豆生长发育关键期雨热同季,有利于大豆生产和蛋白质积累,大豆品质好。从单位面积经济效益看,本区适宜发展大豆种植业。

本区大豆生产的主要限制因素是降水变率大,干旱发生频率高,干旱风险大;如果能够改变靠天吃饭的局面,大力发展灌溉农业将会大幅度提高大豆产量。本区适宜种植中晚熟大豆品种,以充分利用热量资源提高大豆单产。

③次适宜气候区

本区大豆农业气候区划指数 P 为 0.58～0.62,面积约为 0.39 万 km²,占全旗总面积的 24％。本区位于扎鲁特旗中部偏西北,在适宜区的西北侧。本区≥10 ℃活动积温 1900～2500 ℃·d,无霜期日数 100～120 d,生长季降水量 350～400 mm,光照充足。

本区光照充足,热量条件略差于适宜区。

本区大豆生产的主要限制因素是降水变率大,干旱发生频率高,干旱风险大;另外,霜冻风险也较大。本区适宜种植中早熟品种,适当发展牧业和林业生产。

④不适宜气候区

本区大豆农业气候区划指数 $P<0.58$,面积约为 0.33 万 km²,占全旗总面积的 20%。本区位于扎鲁特旗西北部,次适宜气候区的西北侧。本区≥10 ℃活动积温小于 1900 ℃·d,无霜期日数 80 d 以内,热量条件相对较差,生长季降水量 350~400 mm,光照充足。

本区热量条件相对较差,霜冻风险高,不适宜发展大豆生产,本区适宜发展林牧业和喜凉作物。

(11)科尔沁左翼中旗大豆精细化农业气候区划及分区评述

依据表 3.13 的分级结果将科尔沁左翼中旗划分为大豆最适宜气候区、适宜气候区,无次适宜气候区和不适宜气候区。

①最适宜气候区

本区大豆农业气候区划指数 $P\geqslant0.70$,面积约为 0.46 万 km²,占全旗总面积的 48%。本区位于科尔沁左翼中旗东南部,本区≥10 ℃活动积温超过 3200 ℃·d,无霜期日数 140~160 d,生长季降水量 350~450 mm,光照充足。

本区热量丰富,降水充足,光照足,昼夜温差大,大豆生长发育关键期雨热同季,有利于大豆生产和蛋白质积累,大豆品质好。从单位面积经济效益看,本区适宜大力发展大豆种植业,大豆可以种植,可作为轮作、用地养地作物,适量调配种植比例。

本区大豆生产的主要限制因素是降水变率大,干旱发生频率高,干旱风险大;如果能够改变靠天吃饭的局面,大力发展灌溉农业将会大幅度提高大豆产量。本区适宜种植长生育期晚熟大豆品种,充分利用热量资源提高大豆单产。

②适宜气候区

本区大豆农业气候区划指数 $P<0.70$,面积约为 0.5 万 km²,占全旗总面积的 52%。本区位于科尔沁左翼中旗中部偏北,在适宜区的北侧。本区≥10 ℃活动积温超过 3000~3200 ℃·d,无霜期日数 140~150 d,生长季降水量 350~400 mm,光照充足。

本区农业生产的主要限制因素是降水变率大,干旱发生频率高,干旱风险大;如果能够改变靠天吃饭的局面,大力发展灌溉农业将会大幅度提高大豆产量。本区适宜种植晚熟大豆品种,以充分利用热量资源提高大豆单产。

(12)奈曼旗大豆精细化农业气候区划及分区评述

依据表 3.13 的分级结果将奈曼旗划分为大豆最适宜气候区、适宜气候区,无次适宜气候区和不适宜气候区。

①最适宜气候区

本区大豆农业气候区划指数 $P\geqslant0.71$,面积约为 0.33 万 km²,占全旗总面积的 41%。本区位于奈曼旗南部,本区≥10 ℃活动积温超过 3300 ℃·d,无霜期日数 140~160 d,生长季降水量 400~450 mm,光照充足。

本区热量丰富,降水充足,光照足,昼夜温差大,大豆生长发育关键期雨热同季,有利于大豆生产和蛋白质积累,大豆品质好。从单位面积经济效益看,本区适宜大力发展大豆种植业,大豆可以种植,可作为轮作养地作物,适量调配种植比例。

本区大豆生产的主要限制因素是降水变率大,干旱发生频率高,干旱风险大;如果能够改变靠天吃饭的局面,大力发展灌溉农业将会大幅度提高大豆产量。本区适宜种植长生育期晚熟大豆品种,以充分利用热量资源提高大豆单产。

②适宜气候区

本区大豆农业气候区划指数 $P < 0.71$,面积约为 0.48 万 km^2,占全旗总面积的 59%。本区位于奈曼旗中部,在最适宜区的北侧,呈东—西走向的带状区域。本区≥10 ℃ 活动积温 3100~3300 ℃·d,无霜期日数 140~160 d,生长季降水量 350~400 mm,光照充足。

本区热量丰富,降水充足,光照足,昼夜温差大,大豆生长发育关键期雨热同季,有利于大豆生产和蛋白质积累,大豆品质好。从单位面积经济效益看,本区适宜发展大豆种植业。

本区农业生产的主要限制因素是降水变率大,干旱发生频率高,干旱风险大;如果能够改变靠天吃饭的局面,大力发展灌溉农业将会大幅度提高大豆产量。本区适宜种植晚熟大豆品种,以充分利用热量资源提高大豆单产。

(13)开鲁县大豆精细化农业气候区划及分区评述

依据表 3.13 的分级结果将开鲁县划分为大豆最适宜气候区、适宜气候区,无次适宜气候区和不适宜气候区。

①最适宜气候区

本区大豆农业气候区划指数 $P \geqslant 0.69$,面积约为 0.22 万 km^2,占全县总面积的 50%。本区位于开鲁县东南部,本区≥10 ℃活动积温超过 3200 ℃·d,无霜期日数 140~160 d,生长季降水量 350~400 mm,光照充足。

本区热量丰富,降水充足,光照足,昼夜温差大,大豆生长发育关键期雨热同季,有利于大豆生产和蛋白质积累,大豆品质好。从单位面积经济效益看,本区适宜大力发展大豆种植业,大豆可以种植,可作为轮作养地作物,适量调配种植比例。

本区大豆生产的主要限制因素是降水变率大,干旱发生频率高,干旱风险大;如果能够改变靠天吃饭的局面,大力发展灌溉农业将会大幅度提高大豆产量。本区适宜种植长生育期晚熟大豆品种,以充分利用热量资源提高大豆单产。

②适宜气候区

本区大豆农业气候区划指数 $P < 0.69$,面积约为 0.21 万 km^2,占全县总面积的 50%。本区位于开鲁县中部,在最适宜区的北侧,呈东—西走向的带状区域。本区≥10 ℃ 活动积温 2600~3200 ℃·d,无霜期日数 120~160 d,生长季降水量 350~400 mm,光照充足。

本区热量丰富,降水充足,光照足,昼夜温差大,大豆生长发育关键期雨热同季,有利于大豆生产和蛋白质积累,大豆品质好。从单位面积经济效益看,本区适宜发展大豆种植业。

本区农业生产的主要限制因素是降水变率大,干旱发生频率高,干旱风险大;如果能够改变靠天吃饭的局面,大力发展灌溉农业将会大幅度提高大豆产量。本区适宜种植晚熟大豆品种,充分利用热量资源提高大豆单产。

(14)巴林左旗大豆精细化农业气候区划及分区评述

依据表 3.14 的分级结果将巴林左旗划分为大豆适宜气候区、次适宜气候区和不适宜气候区,无最适宜气候区。

①适宜气候区

本区大豆农业气候区划指数 $P \geqslant 0.63$,面积约为 0.17 万 km²,占全旗总面积的 26%。本区位于巴林左旗最南部,本区 $\geqslant 10$ ℃活动积温 2500~2800 ℃·d,无霜期日数 130~160 d,生长季降水量 350~400 mm,光照充足。

本区热量丰富,降水充足,光照足,昼夜温差大,大豆生长发育关键期雨热同季,有利于大豆生产和蛋白质积累,大豆品质好。

本区大豆生产的主要限制因素是降水变率大,干旱发生频率高,干旱风险大;如果能够改变靠天吃饭的局面,大力发展灌溉农业将会大幅度提高大豆产量。本区适宜种植中晚熟大豆品种,以充分利用热量资源提高大豆单产。

②次适宜气候区

本区大豆农业气候区划指数 P 为 0.57~0.63,面积约为 0.39 万 km²,占全旗总面积的 60%。本区位于巴林左旗中部,在适宜区的北侧。本区 $\geqslant 10$ ℃活动积温 1900~2500 ℃·d,无霜期日数 100~140 d,生长季降水量 350~400 mm,光照充足。

本区热量资源略有不足,降水充足,光照足,昼夜温差大,大豆生长发育关键期雨热同季,有利于大豆生产和蛋白质积累,大豆品质好。

本区农业生产的主要限制因素是热量略有不足,降水变率大,干旱发生频率高,干旱风险大;本区适宜种植中早熟大豆品种,避免种植晚熟品种而增加霜冻风险。

③不适宜气候区

本区大豆农业气候区划指数 $P < 0.57$,面积约为 0.09 万 km²,占全旗总面积的 13%。本区位于巴林左旗最北部,次适宜气候区的北侧。本区 $\geqslant 10$ ℃活动积温不足 1900 ℃·d,无霜期日数 100 d 以内,生长季降水量 350~400 mm,光照充足。

本区热量不足,种植大豆霜冻风险高。本区农业生产的主要限制因素是热量不足、降水变率大,干旱发生频率高,干旱风险大;本区适当种植喜凉作物或发展林、牧业生产。

(15)巴林右旗大豆精细化农业气候区划及分区评述

依据表 3.14 的分级结果将巴林右旗划分为大豆适宜气候区、次适宜区和不适宜区,无最适宜气候区。

①适宜气候区

本区大豆农业气候区划指数 $P \geqslant 0.64$,面积约为 0.31 万 km²,占全旗总面积的 31%。本区位于巴林右旗东南部,本区 $\geqslant 10$ ℃活动积温 2500~2800 ℃·d,无霜期日数

130～160 d,生长季降水量 350～400 mm,光照充足。

本区热量丰富,降水充足,光照足,昼夜温差大,大豆生长发育关键期雨热同季,有利于大豆生产和蛋白质积累,大豆品质好。

本区大豆生产的主要限制因素是降水变率大,干旱发生频率高,干旱风险大;如果能够改变靠天吃饭的局面,大力发展灌溉农业将会大幅度提高大豆产量。本区适宜种植中晚熟大豆品种,以充分利用热量资源提高大豆单产。

②次适宜气候区

本区大豆农业气候区划指数 P 为 0.58～0.64,面积约为 0.55 万 km²,占全旗总面积的 55%。本区位于巴林右旗中部,在适宜区的北侧。本区 ≥10 ℃活动积温 1900～2500 ℃·d,无霜期日数 100～140 d,生长季降水量 350～400 mm,光照充足。

本区农业生产的主要限制因素是热量略有不足、降水变率大,干旱发生频率高,干旱风险大;本区适宜种植中、早熟大豆品种,避免种植晚熟品种而增加霜冻风险。

③不适宜气候区

本区大豆农业气候区划指数 P < 0.58,面积约为 0.14 万 km²,占全旗总面积的 14%。本区位于巴林右旗最北部,次适宜气候区的北侧。本区 ≥10 ℃活动积温不足 1900 ℃·d,无霜期日数 90 d 以内,生长季降水量 350～400 mm,光照充足。

本区农业生产的主要限制因素是热量不足,降水变率大,干旱发生频率高,干旱、霜冻风险大,本区适当种植喜凉作物或发展林牧业生产。

(16)敖汉旗大豆精细化农业气候区划及分区评述

依据表 3.14 的分级结果将敖汉旗划分为大豆最适宜气候区和适宜气候区,无次适宜气候区和不适宜气候区。

①最适宜气候区

本区大豆农业气候区划指数 P ≥0.70,面积约为 0.35 万 km²,占全旗总面积的 43%。本区位于敖汉旗南部,≥10 ℃活动积温超过 3000 ℃·d,无霜期日数 140～160 d,生长季降水量 350～450 mm,光照充足。

本区热量丰富,降水充足,光照足,昼夜温差大,大豆生长发育关键期雨热同季,有利于大豆生产和蛋白质积累,大豆品质好。从单位面积经济效益看,本区适宜大力发展大豆种植业,大豆可以种植,也可作为轮作养地作物,适量调配种植比例。

本区大豆生产的主要限制因素是降水变率大,干旱发生频率高,干旱风险大;如果能够改变靠天吃饭的局面,大力发展灌溉农业将会大幅度提高大豆产量。本区适宜种植长生育期晚熟大豆品种,以充分利用热量资源提高大豆单产。

②适宜气候区

本区大豆农业气候区划指数 P < 0.70,面积约为 0.47 万 km²,占全旗总面积的 57%。本区位于敖汉旗北部,在适宜区的北侧。本区 ≥10 ℃活动积温 2800～3000 ℃·d,无霜期日数 140～160 d,生长季降水量 350～400 mm,光照充足。

本区农业生产的主要限制因素是降水变率大,干旱发生频率高,干旱风险大;如果能够改变靠天吃饭的局面,大力发展灌溉农业将会大幅度提高大豆产量。本区适宜种植晚熟大豆品种,以充分利用热量资源提高大豆单产。

(17)翁牛特旗大豆精细化农业气候区划及分区评述

依据表3.14的分级结果将翁牛特旗划分为大豆最适宜气候区、适宜气候区和次适宜气候区,无不适宜区。

①最适宜气候区

本区大豆农业气候区划指数 $P \geqslant 0.67$,面积约为 0.42 万 km^2,占全旗总面积的36%。本区位于翁牛特旗最东部,$\geqslant 10$ ℃活动积温超过 3000 ℃·d,无霜期日数 140~160 d,生长季降水量 400~450 mm,光照充足。

本区热量丰富,降水充足,光照足,昼夜温差大,大豆生长发育关键期雨热同季,有利于大豆生产和蛋白质积累,大豆品质好。从单位面积经济效益看,本区适宜大力发展大豆种植业,大豆可以种植,也可作为轮作养地作物,适量调配种植比例。

本区大豆生产的主要限制因素是降水变率大,干旱发生频率高,干旱风险大。如果能够改变靠天吃饭的局面,大力发展灌溉农业将会大幅度提高大豆产量。本区适宜种植长生育期晚熟大豆品种,以充分利用热量资源提高大豆单产。

②适宜气候区

本区大豆农业气候区划指数 P 为 0.62~0.67,面积约为 0.69 万 km^2,占全旗总面积的58%。本区位于翁牛特旗中部,$\geqslant 10$ ℃活动积温 2400~3000 ℃·d,无霜期日数100~140 d,生长季降水量 350~400 mm,光照充足。

本区热量丰富,降水充足,光照足,昼夜温差大,大豆生长发育关键期雨热同季,有利于大豆生产和蛋白质积累,大豆品质好。

本区大豆生产的主要限制因素是降水变率大,干旱发生频率高,干旱风险大。如果能够改变靠天吃饭的局面,大力发展灌溉农业将会大幅度提高大豆产量。本区适宜种植中晚熟大豆品种,以充分利用热量资源提高大豆单产。

③次适宜气候区

本区大豆农业气候区划指数 $P < 0.62$,面积约为 0.08 万 km^2,占全旗总面积的 7%。本区位于翁牛特旗最西部,$\geqslant 10$ ℃活动积温 1900~2400 ℃·d,无霜期日数 90~110 d,生长季降水量 350~400 mm,光照充足。

本区热量略有不足,适宜种植早中熟大豆品种。本区适宜发展林牧业和喜凉作物生产。

(18)林西县大豆精细化农业气候区划及分区评述

依据表3.14的分级结果将林西县划分为大豆次适宜气候区和不适宜气候区,无最适宜气候区和适宜气候区。

①次适宜气候区

本区大豆农业气候区划指数 $P \geqslant 0.59$,面积约为 0.2 万 km^2,占全县总面积的 54%。本区位于林西县东南部的部分地区,$\geqslant 10$ ℃活动积温 1900~2600 ℃·d,无霜期日数

100～140 d,生长季降水量 350～400 mm,光照充足。

本区热量略有不足,降水充沛,光照充足,昼夜温差大。

本区大豆生产的主要限制因素是热量不足,秋季霜冻风险大,适宜种植中早熟品种。

②不适宜气候区

本区大豆农业气候区划指数 $P<0.59$,面积约为 0.17 万 km^2,占全县总面积的 46%。本区位于林西县最北部,≥10 ℃活动积温小于 1900 ℃·d,无霜期日数 80～100 d,生长季降水量 350～400 mm,光照充足。

本区热量严重不足,热量条件不能满足大豆正常生长发育要求,不适宜发展大豆生产。本区适宜发展林牧业和喜凉作物生产。

乌兰察布市的丰镇市、凉城县和呼和浩特市的和林格尔县、清水河县等 4 个旗(县)的区划结果和分区评述略。

第4章　内蒙古自治区大豆秋季霜冻灾害风险评估与区划

　　秋季霜冻是影响内蒙古大豆优质丰产的主要气象灾害之一,大豆遭受秋季霜冻灾害后可造成减产和品质降低(顾万龙 等,2012)。为了揭示内蒙古大豆秋季霜冻灾害风险的空间分布特征、科学合理布局大豆生产、减轻霜冻灾害造成的损失,利用 1981—2010 年内蒙古 119 个气象站日最低气温、初霜冻发生日期,结合内蒙古不同地区大豆成熟期和种植面积资料,根据大豆生长发育对气象条件的要求,从霜冻灾害的危险性、脆弱性、敏感性和防灾减灾能力 4 个方面评估内蒙古大豆秋季霜冻灾害风险,并运用层次分析法确定 4 个因子对霜冻风险指数的贡献,建立内蒙古大豆秋季霜冻灾害综合风险指数模型并进行灾害风险区划。利用 ArcGIS 地理信息系统技术,完成内蒙古大豆秋季霜冻风险区划,以期为内蒙古自治区大豆进行合理的风险分区提供有效的依据,对于科学合理布局大豆生产和各级政府规划决策具有重要参考意义。

4.1　资料与方法

4.1.1　资料来源

　　气象资料为内蒙古自治区 119 个观测站 1981—2010 年日最低气温,来源于内蒙古自治区气象数据中心;扎兰屯市 1987—2018 年大豆农业气象观测资料,科尔沁右翼前旗、和林格尔县 2010—2018 年大豆农业气象观测资料,来源于大豆农业气象观测站;农业部门 2009—2018 年大豆品种区域试验和生产试验数据,来源于内蒙古自治区农牧厅;1987—2020 年内蒙古自治区各旗(县)大豆社会产量及种植面积等统计资料,来源于内蒙古自治区统计局;地理信息资料包括经度、纬度、海拔、坡向等基础因子及灌溉面积占耕地面积比例的栅格数据等,其中,经、纬度数据采用国家基础地理信息中心提供的 1∶100万内蒙古自治区基础地理背景数据,灌溉面积占耕地面积比例数据来源于内蒙古自治区第二次土地调查数据,分辨率为 1∶1 万。

4.1.2　资料标准化处理

　　在构建综合风险指数时,为了使数据处于统一量纲,对各项指标(危险性因子、敏感性指数因子等)均进行了极差标准化,其表达式见式(4.1)。

$$k^* = \frac{k - k_{min}}{k_{max} - k_{min}} \tag{4.1}$$

式中:k^* 为极差标准化后的数据;k 为原始指标数据;k_{max} 和 k_{min} 分别为该指标中的最大值和最小值。

4.1.3　风险区划图制作环境

霜冻风险区划图的制作采用 ArcGIS 10.2 版。

4.2　大豆秋季霜冻灾害风险评估指标体系

4.2.1　大豆秋季霜冻灾害临界指标

对内蒙古自治区而言,大豆霜冻灾害多发生在秋季,即在大豆鼓粒—成熟期出现霜冻灾害。大豆发育期和秋季霜冻出现时间共同决定了大豆秋霜冻灾害是否发生以及发生程度。参考《作物霜冻害等级》(QX/T 88—2008)(中国气象局,2008),采用日最低气温作为判定霜冻灾害发生的指标,结合内蒙古自治区实际情况,将大豆秋季霜冻灾害划分为轻、中、重 3 级(表 4.1)。

表 4.1　内蒙古自治区大豆不同等级秋季霜冻灾害标准

	轻霜冻	中霜冻	重霜冻
日最低气温(T_{min})/℃	$0.0 < T_{min} \leqslant 0.5$	$-1.0 < T_{min} \leqslant 0.0$	$T_{min} \leqslant -1.0$

4.2.2　不同区域大豆平均成熟期

根据不同区域气象条件相近程度,基于聚类分析理论,利用全区 3 个大豆农业气象观测站历年发育期资料,结合内蒙古自治区大豆品种区域和生产试验数据,同时借鉴内蒙古自治区农牧业厅大豆生态区划分结果,将内蒙古自治区划分为 7 个大豆气候生态区(表 4.2),推算各生态区的平均成熟日期,只有发生在成熟期之前的霜冻判定为发生霜冻灾害。

表 4.2　内蒙古自治区不同区域大豆平均成熟期

区域	平均成熟期
大兴安岭东南麓	9 月 22 日
大兴安岭西北麓	9 月 26 日
西辽河灌区	9 月 17 日

续表

区域	平均成熟期
燕山丘陵区	9 月 16 日
土默川	9 月 10 日
阴山北麓	9 月 26 日
河套灌区	9 月 10 日

4.2.3 大豆秋季霜冻灾害风险评估指标体系

从霜冻灾害的危险性、脆弱性、敏感性和防灾减灾能力 4 个方面评估大豆秋季霜冻灾害风险。霜冻灾害危险性主要是由气象危险因子活动强度和活动频率决定的,因此,选取霜冻灾害等级、各等级霜冻灾害发生频率及霜冻灾害发生日期的变异性作为致灾因子危险性指标,选取各市(旗、县)近 5 年大豆面积占耕地面积比例作为承灾体脆弱性指标,选取地形和坡向这两个因子作为孕灾环境敏感性指标,选取灌溉面积百分比作为防灾减灾能力指标(图 4.1)。

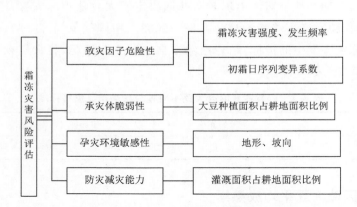

图 4.1　内蒙古自治区大豆秋季霜冻灾害风险评估指标体系

4.2.3.1 致灾因子危险性指数

根据灾害风险理论,致灾因子危险性由灾害强度和频率共同决定(李红英 等,2013),综合考虑霜冻灾害发生等级、各等级霜冻灾害的发生频率及霜冻灾害发生时的日最低气温等因素(王晾晾 等,2012)。

(1)霜冻发生强度频率指数

根据内蒙古自治区的气候特点、霜冻害发生的温度指标以及内蒙古自治区大豆的种植结构,9—10 月,内蒙古自治区大豆处于结荚—鼓粒成熟期,以轻霜冻(日最低气温≤0.5 ℃)、中霜冻(日最低气温≤0 ℃)、重霜冻(日最低气温≤−1 ℃)为界限,通过判断初霜冻发生日期是否在80%保证率成熟期界限日期之前来判定霜冻灾害是否发生。

用 1981—2010 年各旗(县)霜冻发生的次数表示内蒙古自治区霜冻发生的频率,以此作为霜冻灾害频率指数。选取霜冻灾害发生时日最低气温的中值作为内蒙古自治区大豆初霜冻的强度指标。据此将内蒙古自治区各旗（县）出现霜冻灾害的年份按霜冻灾害发生强度等级分为 3 组，即轻霜冻、中霜冻和重霜冻，计算不同等级霜冻灾害的发生频率，同时，找出霜冻灾害发生时日最低气温的中值，结合发生频率计算霜冻灾害强度频率指数。

$$I_h = \sum_{i=1}^{3} \frac{D_j}{n} \times G_j \tag{4.2}$$

式中：I_h 为霜冻害发生的强度频率指数；D_j 为不同等级霜冻灾害出现的频率；n 为统计的年数；G_j 为日最低气温中值。通过计算得到霜冻灾害发生强度频率指数。

（2）霜冻变异系数

由于同一地区霜冻灾害的发生日期不稳定，年际差异较大，直接影响该地区霜冻灾害致灾因子危险性的大小，因此将霜冻害发生日期的变异性作为反映致灾因子危险性大小的另一个指标，通过式（4.3）计算得到初霜冻日期序列的变异系数。

$$D_v = \frac{\sigma}{\overline{D}} \tag{4.3}$$

式中：D_v 为霜冻害发生日期的变异系数；σ 为日序的标准差；$\overline{D}$ 为日序的数学期望。

（3）致灾因子危险性指数

上述两个指标分别从霜冻灾害发生的强度、频率以及变异性角度反映了霜冻灾害危险性的大小，考虑内蒙古自治区大豆种植结构的实际情况，运用专家打分法确定霜冻灾害强度频率指标和霜冻灾害发生日期的变异系数对危险性指数的权重分别为 0.75 和 0.25，将二者进行加权求和，即可得到各旗（县）致灾因子危险性指数。

$$W = I_h^* \times 0.75 + D_v^* \times 0.25 \tag{4.4}$$

式中：W 为致灾因子危险性指数；I_h^*、D_v^* 分别为 I_h 和 D_v 的标准化值。

4.2.3.2　承灾体脆弱性指数

脆弱性表示霜冻灾害发生时的影响程度，因此，脆弱性评估是研究霜冻灾害风险在区域中与风险受体之间的接触暴露关系，对于霜冻灾害的承灾体——大豆而言，大豆的种植密度即为承灾体的脆弱性，种植越密集，暴露度越高，脆弱程度越大，灾害风险也就越高。根据大豆受霜冻灾害影响程度的差异，从内蒙古自治区的大豆种植结构来分析霜冻脆弱性，以近 5 年内蒙古自治区大豆种植面积比例作为评价脆弱性的指标，以此来评价霜冻灾害对内蒙古自治区大豆造成的损害程度。

$$c = \frac{m_1}{g} \tag{4.5}$$

式中：c 为脆弱性指数；m_1、g 分别为大豆种植面积和耕地面积。

4.2.3.3　孕灾环境敏感性指数

大豆主产区多为丘陵、山地地形，结合内蒙古自治区的地势和地貌特征，将海拔高度和坡向作为敏感性因子。随着海拔高度的上升，海拔对霜冻的敏感程度分别赋予 1～5 的影响系数（表 4.3）；由于内蒙古自治区多以西北风为主，坡向从西北方向到东南方向同样划分为 5 个等级(图 4.2),分别赋予 5~1 的影响系数(表 4.3)。

表 4.3 孕灾环境敏感性影响因子分级

分级	海拔/m	海拔赋值结果	坡向	坡向赋值结果
一级	<200	1	45°~135°	1
二级	200~400	2	135°~225°	2
三级	400~600	3	225°~315°	3
四级	600~800	4	315°~360°	4
五级	800~1000	5	0°~45°	5

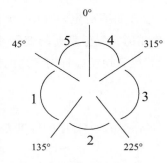

图 4.2 坡向等级划分

运用专家打分法确定海拔高度和坡向两因素对霜冻敏感性的权重系数分别为 0.833 和 0.167,敏感性指数通过式(4.6)计算得到。

$$M = H \times 0.833 + P \times 0.167 \tag{4.6}$$

式中:M 为敏感性指数;H 为海拔高度;P 为坡向。

4.2.3.4 防灾减灾能力指数

霜冻防灾减灾能力指数与当地的科技、防灾技术水平和投入有关,代表霜冻灾害防御能力的大小。结合各盟(市)经济和技术能力等实际情况,不同旗(县)对霜冻的防灾水平相差不大,有条件的地区通过灌溉可以适当调节地温达到防霜的目的。由于不同地区灌溉水平差异较大,以灌溉面积百分比作为防灾减灾能力指数。

$$F = \frac{m_2}{g} \tag{4.7}$$

式中:F 为灌溉面积百分比;m_2、g 分别为灌溉面积和耕地面积。

4.3 大豆秋季霜冻灾害风险评估模型

运用 AHP 层次分析法,通过专家打分、构造判断矩阵进行权重求算,并得到矩阵的最大特征根 λ_{max} 为 4.064649(表 4.4)。为了对求得的权重进行一致性检验,通过式(4.8)计算矩阵的一致性指标 CI:

$$CI = \frac{\lambda_{\max}}{n-1} \tag{4.8}$$

即 $CI=(4.064649-4)/3=0.02155$（$n$ 为因子数，4 个因子，所以取值为 4）。而检验一个矩阵的一致性指标为矩阵的随机一致性比率 CR，见式（4.9）：

$$CR = \frac{CI}{RI} \tag{4.9}$$

式中：RI 为平均随机一致性指标，为一个常量，根据阶数可以在量表里查询到 4 阶 RI 值为 0.9，则该矩阵中 $CR=0.02155/0.9=0.023944<0.1$，即保持显著水平，说明对比矩阵是保持一致性的（张燕飞，2018）。

表 4.4　不同因子间权重求算矩阵

因素	危险性	脆弱性	敏感性	防灾减灾能力	特征量	权重
危险性	1	3	6	10	2.372	0.593077957
脆弱性	1/3	1	3	6	1.021	0.255219534
敏感性	1/6	1/3	1	3	0.425	0.106253734
防灾减灾能力	1/10	1/6	1/3	1	0.182	0.045448775

通过上述分析得到霜冻灾害的危险性、脆弱性、敏感性和防灾减灾能力 4 个因子对灾害风险的贡献分别为 0.593、0.255、0.106、0.046，则大豆霜冻灾害综合风险指数 Z 为

$$Z = 0.593 \times W + 0.255 \times C + 0.106 \times M - 0.046 \times F \tag{4.10}$$

式中：Z 为霜冻灾害综合风险指数；W 为霜冻灾害致灾因子危险性指数；C 为霜冻灾害承灾体脆弱性指数；M 为霜冻灾害孕灾环境敏感性指数；F 为霜冻灾害防灾减灾能力指数。

4.4　大豆秋季霜冻灾害风险评估与区划

4.4.1　大豆霜冻致灾因子危险性评估

（1）大豆霜冻发生强度频率指数

考虑内蒙古自治区的气候特点、霜冻灾害发生的温度指标以及内蒙古自治区大豆的种植结构，9—10 月，内蒙古自治区大豆处于结荚—鼓粒成熟期，考虑到内蒙古自治区的实际情况，以轻霜冻（日最低气温≤0.5 ℃）、中霜冻（日最低气温≤0 ℃）、重霜冻（日最低气温≤-1 ℃）发生日期是否在 80%保证率成熟期界限日期之前来判断霜冻灾害是否发生。用 1981—2010 年各旗（县）霜冻发生的次数表示内蒙古自治区霜冻发生的频率，以发生次数作为霜冻灾害频率指标。选取霜冻灾害发生时日最低气温的中值作为内蒙古自治区大豆初霜冻的强度指数。

通过计算得到霜冻灾害发生强度频率指数，将标准化后的结果与各气象站的经度

(λ)、纬度(φ)和海拔高度(h)作回归分析,建立小网格推算模型(表 4.5),在 ArcGIS 中进行栅格计算,得到内蒙古自治区大豆秋季霜冻强度频率指数图(图 4.3)。

表 4.5　危险性指数小网格推算模型及显著性检验

区划指标	推算模型	R^2	F
轻霜冻	$y=0.0136\lambda+0.0942\varphi+0.00062h-5.9331$	0.670**	77.9
中霜冻	$y=0.0077\lambda+0.0900\varphi+0.00052h-5.0212$	0.645**	69.6
重霜冻	$y=0.0014\lambda+0.0759\varphi+0.00037h-3.6066$	0.596**	56.6
霜冻强度频率	$y=0.000035\lambda+0.0721\varphi+0.00029h-3.2415$	0.627**	64.5
变异系数	$y=0.0083\lambda+0.0547\varphi+0.00039h-3.5228$	0.677**	80.3
危险性	$y=0.0021\lambda+0.0677\varphi+0.00031h-3.3119$	0.492**	37.1

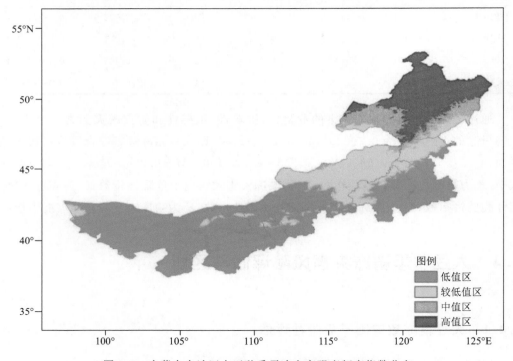

图 4.3　内蒙古自治区大豆秋季霜冻灾害强度频率指数分布

(2)大豆霜冻变异系数

通过计算得到霜冻灾害发生日期的变异系数,标准化后的结果与各气象站的经度(λ)、纬度(φ)和海拔高度(h)作回归分析,建立小网格推算模型(表 4.5),在 ArcGIS 中进行栅格计算,制作内蒙古自治区秋季霜冻灾害发生变异系数图(图 4.4)。

(3)大豆霜冻危险性指数评估

根据内蒙古自治区霜冻灾害危险性指数等级划分标准(表 4.6),制作自治区大豆秋季霜冻灾害危险性指数分布图(图 4.5)。

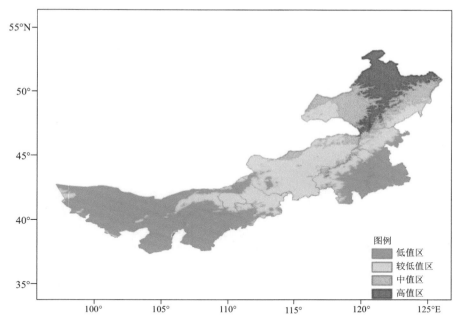

图 4.4　内蒙古自治区大豆秋季霜冻灾害变异系数分布

表 4.6　霜冻灾害危险性指数等级划分

分区	强度频率(I_h)	变异系数(D_v)
低值区	$I_h < 0.20$	$D_v < 0.15$
较低值区	$0.20 \leqslant I_h < 0.40$	$0.15 \leqslant D_v < 0.35$
中值区	$0.40 \leqslant I_h < 0.50$	$0.35 \leqslant D_v < 0.50$
高值区	$I_h \geqslant 0.50$	$D_v \geqslant 0.50$

从图 4.5 可以看出,危险性指数高值区主要分布在呼伦贝尔大兴安岭山脉地区和兴安盟阿尔山地区,危险性指数超过 0.55,该区中霜冻和重霜冻发生较频繁,且变异性较高;危险性指数中值区主要分布在内蒙古自治区东北部,包括呼伦贝尔市中部偏北地区、兴安盟北部地区及锡林郭勒盟北部零星地区,危险性指数为 0.40~0.55;危险性指数较低值区主要包括呼伦贝尔市西部和东南部、兴安盟中部、通辽北部、赤峰西北部、锡林郭勒盟东部和南部及阴山北麓地区,危险性指数为 0.20~0.40;危险性指数低值区包括东部偏南农区和锡林郭勒盟西部及以西大部地区,危险性指数不足 0.20。

4.4.2　大豆霜冻灾害承灾体脆弱性评估

进行大豆秋季霜冻灾害脆弱性评价时,将各旗(县)大豆种植面积除以各旗(县)耕地面积,即可得到大豆种植面积的比例,将此值作为承灾体脆弱性的评价指标,在 ArcGIS 中进行栅格计算,并利用 GIS 技术对脆弱性指数进行等级划分,制作内蒙古自治区大豆秋季霜冻灾害脆弱性分布图(图 4.6)。脆弱性高的区域主要分布在内蒙古自治区东部偏南,脆弱性指数超过 0.07,包括呼伦贝尔东南部、兴安盟东南部、通辽中部和南部及赤峰市

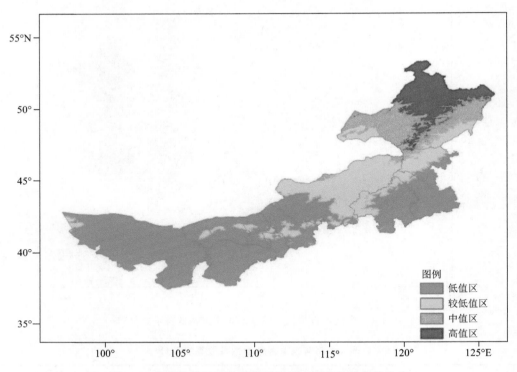

图 4.5　内蒙古自治区大豆秋季霜冻灾害危险性指数分布

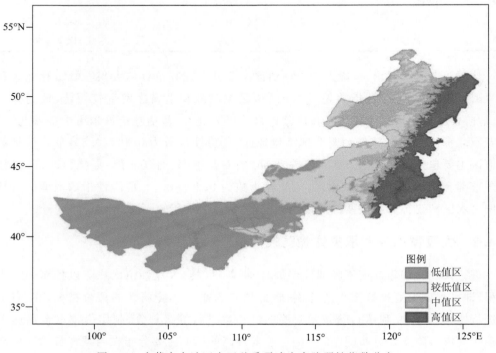

图 4.6　内蒙古自治区大豆秋季霜冻灾害脆弱性指数分布

东南部,上述地区为内蒙古自治区大豆主产区,种植面积较大,故为脆弱性高值区;东北部地区脆弱性指数在 0.02～0.07,包括呼伦贝尔大部、兴安盟中部、通辽市北部、赤峰市中西部及锡林郭勒盟大部,上述地区多为牧区和林区,农田分布较少,处于中低脆弱性区域;乌兰察布及以西大部地区由于大豆种植面积相对较少,脆弱性指数小于 0.02,为低脆弱性区域。

4.4.3　大豆霜冻灾害孕灾环境敏感性评估

一般情况下,植物霜冻灾害是在明显降温的天气形势下发生的,内蒙古自治区霜冻以平流—辐射霜冻类型最多,对农业生产形成的危害也最大。尤其是在寒潮爆发引发霜冻时,往往伴有强风、冷空气入侵,导致近地面温度下降,因此,在相同的天气、植物种类和植物发育期条件下,霜冻害评估时应根据作物所处的地势进行具体分析,同时,迎风坡和背风坡等也是影响霜冻发生的关键因素(李红英 等,2014)。利用 ArcGIS 地理信息系统的空间分析方法分别对海拔和坡向制作栅格图层,用矢量型空间叠置分析模型对海拔和坡向的栅格图层进行叠加,参考内蒙古自治区大豆历史霜冻灾情数据及专家经验对敏感性指数进行等级划分,制作内蒙古自治区霜冻孕灾环境敏感性指数分布图(图 4.7)。

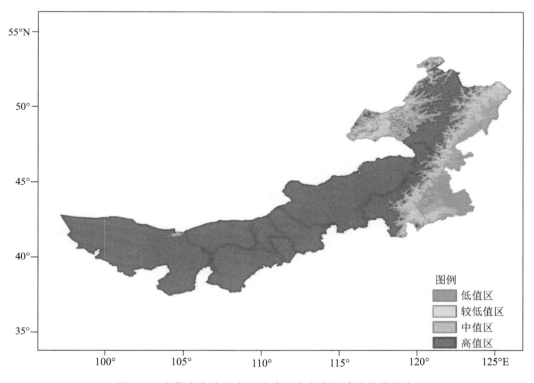

图 4.7　内蒙古自治区大豆秋季霜冻灾害敏感性指数分布

大兴安岭山区、锡林郭勒盟及以西地区,敏感性指数均在 4～5 级,该区海拔较高,且坡向西北向居多,故为高敏感性区域;大兴安岭北麓西部及大兴安岭南麓偏西地区敏感性指数在 2～4 级,海拔相对较低,属于敏感性指数较低值至中值区;大兴安岭南麓偏北地区、西辽河灌区敏感性指数在 1～2 级,包括呼伦贝尔东南部、兴安盟东部、通辽南部及赤峰东南部地区,上述地区多为丘陵、平原地带,海拔较低,故为霜冻灾害发生的低敏感性区。

4.4.4 大豆霜冻灾害防灾减灾能力指数

采用 ArcGIS 提供的"Polygon To Raster"数据转换功能(李红英 等,2014),对灌溉面积百分比进行等级划分,制作内蒙古自治区霜冻防灾减灾能力分布图(图 4.8)。河套灌区、阴山南麓西部、燕山丘陵区、西辽河灌区及大兴安岭南麓偏南部地区灌溉条件较好,大部地区防灾指数超过 0.75,主要得益于有黄河流域及支流、西辽河、老哈河、西拉木伦河等水域经过,上述地区距河流稍远地带灌溉能力略差,防灾指数为 0.25～0.75,为防灾减灾能力较低值至中值区,其余农区属于低防灾减灾能力区,防灾指数小于 0.25。

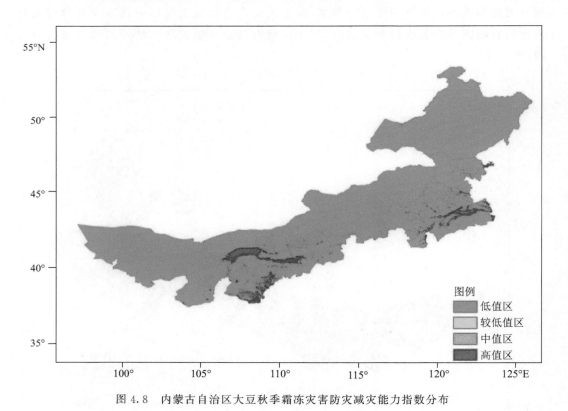

图 4.8 内蒙古自治区大豆秋季霜冻灾害防灾减灾能力指数分布

4.4.5 内蒙古自治区大豆霜冻灾害风险评估与区划

利用自然断点法对霜冻灾害综合风险指数进行等级划分(表 4.7),分别划分为低风险区、较低风险区、中风险区和高风险区(图 4.9)。

表 4.7 内蒙古自治区霜冻灾害风险区划指标等级划分

分区	风险指数 Z	危险性 W	敏感性 M	脆弱性 C	防灾减灾能力 F
低	$Z<0.40$	$W<0.20$	$M<2$	$C<0.02$	$F<0.25$
较低	$0.40{\leqslant}Z<0.55$	$0.20{\leqslant}W<0.40$	$2{\leqslant}M<3$	$0.02{\leqslant}C<0.05$	$0.25{\leqslant}F<0.50$
中	$0.55{\leqslant}Z<0.65$	$0.40{\leqslant}W<0.55$	$3{\leqslant}M<4$	$0.05{\leqslant}C<0.07$	$0.50{\leqslant}F<0.75$
高	$Z{\geqslant}0.65$	$W{\geqslant}0.55$	$M{\geqslant}4$	$C{\geqslant}0.07$	$F{\geqslant}0.75$

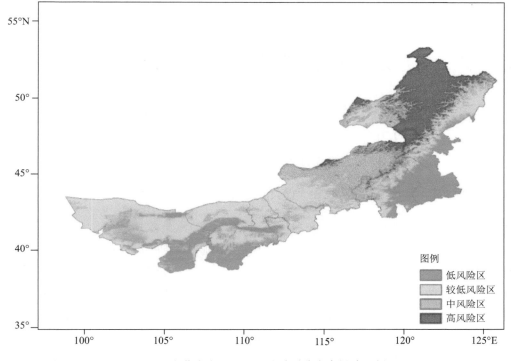

图 4.9 内蒙古自治区大豆秋季霜冻灾害风险区划

(1)低风险区。霜冻灾害风险指数<0.40,约占全区总面积的 21.5%,面积约为 24.7 万 km²,其中农区占 51%。主要分布在呼伦贝尔莫力达瓦达斡尔族自治旗、阿荣旗和扎兰屯市偏南地区、兴安盟东南部、通辽市偏南大部、赤峰东南部、鄂尔多斯南部、巴彦淖尔南部及阿拉善盟南部,包括燕山丘陵区、西辽河灌区、阴山南麓偏西地区及河套灌区。

(2)较低风险区。霜冻灾害风险指数在 0.40~0.55,约占全区总面积的 42.5%,面积约为 48.8 万 km²,但以牧区为主,农区仅占 0.6%。主要分布在呼伦贝尔东南部和偏西部、兴安盟中部、通辽扎鲁特旗中部、赤峰东北部和西北部、锡林郭勒盟西部、乌兰察布南部和偏北部、呼和浩特东南部、包头大部、鄂尔多斯北部、巴彦淖尔北部及阿拉善盟北部大部,位于大兴安岭南麓偏北地区、阴山北麓大部地区和阴山南麓东段地区。

（3）中风险区。霜冻灾害风险指数在 0.55～0.65,约占全区总面积的 22.4%,面积约为 25.7 万 km^2,但以牧区和林区为主,农区仅占 2%。主要分布在呼伦贝尔西部、锡林郭勒盟东部、通辽扎鲁特旗北部、赤峰西北部、乌兰察布中部、呼和浩特北部、包头中部及巴彦淖尔中部,主要位于大兴安岭北麓以西地区和阴山北麓偏南地区,霜冻发生的危险性和敏感性均相对较高,但大部地区为非主要农区。

（4）高风险区。霜冻灾害风险指数 ≥0.65,约占全区总面积的 13.6%,面积约为 15.6 万 km^2,但该区域以林区为主,农区仅占 0.2%。主要分布在大兴安岭北麓偏东地区,包括呼伦贝尔市中部、兴安盟偏北部、锡林郭勒盟东北部、通辽市扎鲁特旗偏北和赤峰市克什克腾旗东北部,主要是由于上述地区霜冻发生的危险性极高。

4.5 大豆主产区秋季霜冻灾害风险区划与分区评述

在全区大豆霜冻灾害综合风险指数基础上,应用盟（市）和旗（县）大豆霜冻综合风险指数,采用自然断点法对主产区盟（市）和旗（县）大豆霜冻综合风险指数重新进行分级,得到相关盟（市）和旗（县）的大豆霜冻风险区划图。

4.5.1 盟（市）霜冻灾害风险区划与分区评述

4.5.1.1 呼伦贝尔市大豆霜冻灾害风险区划（图 4.10）与分区评述

（1）低风险区。本区风险指数 <0.50,主要分布在呼伦贝尔市东南部地区和西南部零星地区,占全市总面积的 12%,面积约为 3.0 万 km^2,包括鄂伦春自治旗南部、莫力达瓦达斡尔族自治旗大部、阿荣旗南部、扎兰屯市东南部、新巴尔虎右旗南部及新巴尔虎左旗西南部零星地区。上述地区处于大兴安岭北麓偏西南部地区及大兴安岭南麓偏东地区,无霜期日数平均 110～130 d,≥10 ℃活动积温 2000～2700 ℃·d,初霜日（日最低气温 ≤0 ℃）出现在 10 月中、下旬,终霜日出现在 4 月上、中旬。该地区霜冻发生风险较低主要得益于地势相对较平坦,初霜冻发生日期相对较迟,霜冻发生危险性指数为 0.2～0.4,敏感性指数在 1～2 级,但该区是大豆主要种植区,且距离嫩江流域及支流水域较近,灌溉是当地有效的防霜技术,所以该区为霜冻发生低风险区,可以结合适宜的热量、水分,大力发展大豆高品质种植技术。

（2）较低风险区。本区风险指数为 0.50～0.60,主要分布在呼伦贝尔市西南部和中部偏东南,占全市总面积的 19%,面积约为 4.9 万 km^2,包括新巴尔虎右旗中部、新巴尔虎左旗西北部、陈巴尔虎旗西北部、额尔古纳西南部、鄂伦春自治旗中部、莫力达瓦达斡尔族自治旗北部零星地区、阿荣旗中部偏北地区及扎兰屯市中部零星地区。上述地区处于大兴安岭北麓偏西南及大兴安岭南麓偏西地区,无霜期日数平均 90～120 d,≥10 ℃积温 1800～2500 ℃·d,初霜日（日最低气温 ≤0 ℃）出现在 10 月中旬,终霜日出现在 4 月上、中旬。该区霜冻发生强度相对略低,轻霜冻发生频率为 0.5～0.75,且海拔相对较

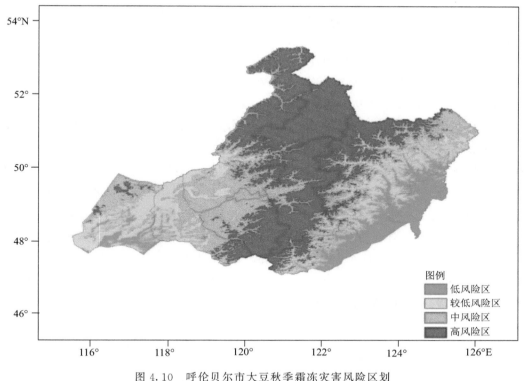

图 4.10　呼伦贝尔市大豆秋季霜冻灾害风险区划

低,敏感性指数在 2～3 级,该区有农田零星分布,灌溉条件略差,防灾减灾能力偏弱,故为较低风险区。建议该区大豆种植可适当改进耕作和栽培技术,提高防霜能力。

（3）中风险区。本区风险指数为 0.60～0.70,主要分布在呼伦贝尔市中部偏西,占全市总面积的 30%,面积约为 7.6 万 km²,包括额尔古纳西部和南部、陈巴尔虎旗中西部、海拉尔区、鄂温克族自治旗北部、牙克石中部偏西、新巴尔虎左旗东部、新巴尔虎右旗北部、鄂伦春自治旗中部偏北及阿荣旗偏北部。上述地区处于大兴安岭北麓偏西地区及大兴安岭南麓偏西零星地区,无霜期日数平均 80～110 d,≥10 ℃活动积温 1600～2200 ℃·d,初霜日(日最低气温≤0 ℃)出现在 10 月上、中旬,终霜日出现在 4 月上、中旬。霜冻发生中等风险主要是由致灾因子的高危险性引起的,中霜冻和重霜冻发生频率平均为 0.5～0.75,霜冻发生的强度频率指数在 0.4～0.5,该区山地众多,敏感性在 3～4 级,但该区大多为非农区,不适宜种植农田。

（4）高风险区。本区风险指数≥0.70,主要分布在呼伦贝尔市中部,占全市总面积的 39%,面积约为 9.9 万 km²,包括鄂伦春自治旗西北部、根河、额尔古纳北部和东南部、牙克石大部、鄂温克族自治旗南部、扎兰屯市西北部、新巴尔虎左旗南部、陈巴尔虎旗东部及新巴尔虎右旗偏北部。上述地区处于大兴安岭北麓东部及大兴安岭南麓偏西,无霜期日数平均不足 100 d,≥10 ℃活动积温不足 2000 ℃·d,是内蒙古自治区霜冻发生时间较早的地区,初霜日(日最低气温≤0 ℃)出现在 9 月下旬至 10 月上旬,终霜日出现在 4 月中旬至5月上旬期间。该区霜冻发生较为频繁,尤其中霜冻和重霜冻发生频率平均超过0.75,霜冻害发生日期的变异性超过0.5,危险性指数均超过0.55;且该区海拔较高,坡向为西北向居多,敏感性指数在4~5级,但该区大豆种植面积相对较小,仅额尔古纳南部、陈巴尔虎旗东部、牙克石中部偏西、鄂温克族自治旗东部有零星农区,防御重点是应加强田间管理,在降温过程来临前做好防霜准备。

4.5.1.2 兴安盟大豆霜冻风险区划(图4.11)与分区评述

(1)低风险区。本区风险指数<0.30,主要分布在兴安盟东部偏南,占全盟总面积的22%,面积约为1.3万 km²,包括扎赉特旗东部、科尔沁右翼前旗东部零星地区、乌兰浩特市南部、突泉县东南部及科尔沁右翼中旗东部。上述地区也处于大兴安岭南麓偏东南,无霜期日数平均130~160 d,≥10 ℃活动积温2700~3400 ℃·d,初霜日(日最低气温≤0 ℃)出现在10月末,终霜日出现在3月下旬后期至4月上旬前期。该区域霜冻危害程度和发生频率相对较轻,霜冻发生危险性指数不足0.2,地跨松嫩平原,海拔较低,敏感性指数在1~2级,上述区域是大豆的主要种植区,由于有洮儿河、绰尔河及霍林河经过,具备良好的灌溉条件,故成为低风险区。应充分利用该区域的河流资源,大力推广节水灌溉技术,提高对霜冻灾害的防御能力。

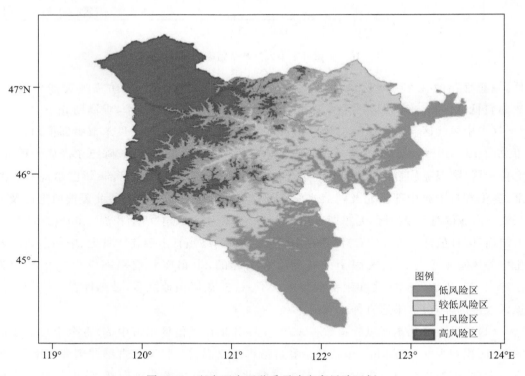

图4.11　兴安盟大豆秋季霜冻灾害风险区划

(2)较低风险区。本区风险指数为0.30~0.45,主要分布在兴安盟中部偏东,占全盟总面积的30%,面积约为1.7万 km²,包括扎赉特旗中部大部、科尔沁右翼前旗中部偏东、乌兰浩特市北部、科尔沁右翼中旗中部及突泉县中部地区。上述地区处于大兴安岭南麓偏东南,无霜期日数平均 120～130 d,≥10 ℃活动积温 2400～2700 ℃·d,初霜日(日最低气温≤0 ℃)出现在 10 月下旬,终霜日出现在 4 月上旬。该区霜冻发生危险性指数均在 0.2～0.3,该区海拔相对较低,敏感性指数在 2～3 级,无霜期和积温较低风险区略减,农田分布广泛,灌溉条件略差,故为较低风险区。建议该区大豆种植可适当改进耕作和栽培技术,提高防霜能力。

(3)中风险区。本区风险指数为 0.45～0.60,主要分布在兴安盟中部偏西区域,占全盟总面积的 21%,面积约为 1.1 万 km²,包括扎赉特旗西部、科尔沁右翼前旗中部偏西、科尔沁右翼中旗中部偏西及突泉县西北部。上述地区处于大兴安岭南麓偏西南部,无霜期日数平均 110～120 d,≥10 ℃积温 2200～2400 ℃·d,初霜日(日最低气温≤0 ℃)出现在 10 月中旬后期,终霜日出现在 4 月上旬后期至中旬前期。该区霜冻发生危险性指数均在 0.3～0.4,山地众多,农区分布较少,敏感性在 3～4 级,随海拔升高,热量条件略差,初霜日较早,易发生乳熟期霜冻害,且上述地区距离河流较远,防灾减灾能力偏弱,故为中风险区。建议该区种植大豆要注重霜冻期缩短生长期延长的因素,尽量选择经过抗寒锻炼的品种。

(4)高风险区。本区风险指数≥0.60,主要分布在兴安盟西北部,占全盟总面积的 27%,面积约为 1.5 万 km²,包括阿尔山市大部、科尔沁右翼前旗西北部及科尔沁右翼中旗西部。上述地区处于大兴安岭北麓偏南部——阿尔山地区,无霜期日数平均不足 110 d,≥10 ℃活动积温不足 2000 ℃·d,是内蒙古自治区霜冻发生时间较早的地区,初霜日(日最低气温≤0 ℃)出现在 9 月下旬至 10 月上旬,终霜日出现在 4 月。该区霜冻发生危险性指数均在 0.4～0.6,秋季霜冻出现较早,无霜期日数较少,且山地众多,敏感性指数在 4～5 级,但仅有零星农区分布,脆弱性指数较低,建议大豆种植区选择合理的播种期,并加强防霜冻措施。

4.5.1.3　通辽市大豆霜冻风险区划(图 4.12)与分区评述

(1)低风险区。本区风险指数<0.20,主要分布在通辽市东部偏南区域,占全市总面积的 53%,面积约为 3.2 万 km²,包括扎鲁特旗东南部、科尔沁左翼中旗大部、开鲁县南部、奈曼旗东北部和西南部、库伦旗东南部、科尔沁左翼后旗东部和南部及科尔沁区大部区域。上述地区主要处于西辽河灌区东部,无霜期日数平均 150～170 d,≥10 ℃活动积温 2900～3500 ℃·d,初霜日(日最低气温≤0 ℃)出现在 10 月下旬后期至 11 月中旬前期,终霜日出现在 3 月中旬后期至 3 月下旬前期。该区霜冻发生危险性指数均不足 0.1,初霜冻发生日期相对较迟,处于西辽河平原,地势平坦,敏感性指数仅在 1～2 级,西辽河是其主要灌溉资源,可以结合适宜的热量和水分条件,大力发展大豆高品质种植技术。

(2)较低风险区。本区风险指数为 0.20～0.40,主要分布在通辽市中部偏西北地区,占全市总面积的 33%,面积约为 2.0 万 km²,包括扎鲁特旗南部大部、科尔沁左翼中旗西北部、开鲁县东北部、奈曼旗西北部和东南部、库伦旗西北部及科尔沁左翼后旗西北部地区。上述地区主要处于西辽河灌区西部地区,无霜期日数平均 130～160 d,≥10 ℃活动

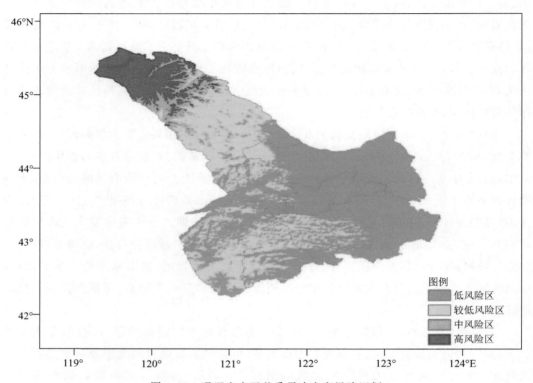

图 4.12　通辽市大豆秋季霜冻灾害风险区划

积温 2500～2900 ℃·d,初霜日(日最低气温≤0 ℃)出现在 10 月下旬后期至 11 月上旬前期,终霜日出现在 3 月下旬前期。该区霜冻发生危险性指数均不足 0.2,敏感性指数在 2～3 级,初霜晚、无霜期较长,热量条件相对够用,但水域分布较少,防霜能力偏差,故为较低风险区。建议该区种植既优质丰产又有较强抗霜能力的大豆品种。

(3)中风险区。本区风险指数为 0.40～0.50,主要分布在通辽市中部偏北区域,占全市总面积的 5%,面积约为 0.3 万 km²,主要包括扎鲁特旗中部偏北区域。上述地区处于燕山丘陵区东北部,无霜期日数平均 110～130 d,≥10 ℃活动积温 2200～2500 ℃·d,初霜日(日最低气温≤0 ℃)出现在 10 月下旬前期,终霜日出现在 4 月上旬前期。该区霜冻发生危险性指数均在 0.2～0.3,霜冻发生强度和频率均相对较高,敏感性在 3～4 级,该区大豆种植面积不大,初霜冻出现较早,由于积温的原因,大豆成熟偏晚,种植户应关注秋霜冻出现对成熟期的影响。

(4)高风险区。本区风险指数≥0.50,主要分布在通辽市西北部,占全市总面积的 9%,面积约为 0.5 万 km²,包括霍林郭勒市和扎鲁特旗北部。上述地区处于燕山丘陵区东北部,无霜期日数平均不足 120 d,≥10 ℃活动积温不足 2200 ℃·d,是内蒙古自治区霜冻发生时间较早的地区,初霜日(日最低气温≤0 ℃)出现在 10 月中旬,终霜日出现在 4 月。该区霜冻发生危险性指数均在 0.3～0.5,霜冻灾害发生较为频繁,且处于锡林郭勒高原边缘地带,敏感性指数在 4～5 级,虽然从气候条件分析该区霜冻发生风险较高,但由于大豆种植面积较小,防御重点是应加强田间管理,在降温过程来临前做好防霜准备。

4.5.1.4　赤峰市大豆霜冻风险区划(图 4.13)与分区评述

(1)低风险区。本区风险指数<0.35,主要分布在赤峰市东部偏南区域,占全市总面积的33%,面积约为 2.9 万 km²,包括阿鲁科尔沁旗南部、巴林左旗南部、巴林右旗东南部、翁牛特旗东部、松山区东部、红山区北部、元宝山区东部、喀喇沁旗东部、宁城县东部及敖汉旗东部和北部。上述地区处于燕山丘陵区东部,无霜期日数平均 130～150 d,≥10 ℃积温 2900～3300 ℃・d,初霜日(日最低气温≤0 ℃)出现在 11 月上旬至中旬前期,终霜日出现在 3 月中旬后期至下旬前期。该区霜冻发生危险性指数均不足 0.1,大多处于丘陵地带,敏感性指数在 1～3 级,上述区域大豆产量较高,且有老哈河和西拉木伦河经过,可以利用较好的灌溉条件开展有效的防霜技术,故为低风险区。上述地区初霜冻出现较晚,热量条件较好,应大力发展大豆高品质种植技术。

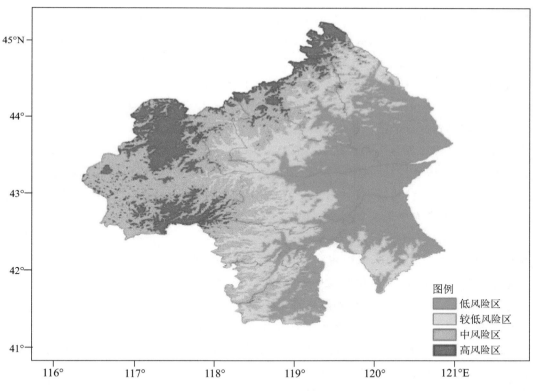

图 4.13　赤峰市大豆秋季霜冻灾害风险区划

(2)较低风险区。本区风险指数为 0.35～0.50,主要分布在赤峰市中部,占全市总面积的25%,面积约为 2.2 万 km²,包括阿鲁科尔沁旗中部偏北、巴林左旗和巴林右旗中部偏南、林西县东南部、克什克腾旗东部零星地区、翁牛特旗中部偏西、松山区中部、红山区南部、元宝山区西部、喀喇沁旗中部、宁城县西部偏东南及敖汉旗西南部。上述地区处于燕山丘陵区中部,无霜期日数平均120~140 d,≥10 ℃活动积温2400~2900 ℃·d,初霜日(日最低气温≤0 ℃)出现在10月下旬后期,终霜日出现在3月下旬后期至4月上旬前期。该区霜冻发生危险性指数均在0.1~0.2,敏感性指数在3~4级,有老哈河和西拉木伦河支流的灌溉条件,有效提高了防灾减灾能力,故为较低风险区。农田零星分布,初霜冻略偏晚,建议选用抗寒力较强的大豆品种,提高植株防霜能力确保作物能得到及时灌溉,减轻或避免霜冻的危害。

(3)中风险区。本区风险指数为0.50~0.60,主要分布在赤峰市西部和北部,占全市总面积的30%,面积约为2.6万 km²,包括阿鲁科尔沁旗北部偏南、巴林左旗北部、巴林右旗北部、林西县北部和西南部、克什克腾旗中部、翁牛特旗西部、松山区西北部、喀喇沁旗西部及宁城县西北部。上述地区处于燕山丘陵区西北部,无霜期日数平均100~120 d,≥10 ℃活动积温1900~2400 ℃·d,初霜日(日最低气温≤0 ℃)出现在10月下旬,终霜日出现在4月上旬至中旬前期。该区霜冻发生危险性指数均在0.2~0.3,接近锡林郭勒高原地带,敏感性指数在4~5级,大豆种植面积不大,脆弱性指数偏低,故为中风险区。该地区由于积温不足,作物普遍成熟偏晚,应重点关注大豆成熟期的影响。

(4)高风险区。本区风险指数≥0.60,主要分布在赤峰市西北部,占全市总面积的12%,面积约为1.1万 km²,包括阿鲁科尔沁旗北部、巴林左旗和巴林右旗偏北部、林西县北部零星地区、克什克腾旗东北部和南部。上述地区处于燕山丘陵区西北部,无霜期日数平均不足100 d,≥10 ℃活动积温不足1900 ℃·d,是内蒙古自治区霜冻发生时间较早的地区,初霜日(日最低气温≤0 ℃)出现在10月上旬后期至中旬,终霜日出现在4月中下旬。该区霜冻发生危险性指数均在0.3~0.6,地处乌兰察布高原东北部边缘地带,海拔相对较高,敏感性指数在4~5级,但该区基本为非农业区,以山区和林地为主,建议适当调整优化种植结构,种植对热量条件要求不高的作物品种。

4.5.1.5 乌兰察布市大豆霜冻风险区划(图4.14)与分区评述

(1)低风险区。本区风险指数<0.47,主要分布在乌兰察布市南部和西北部的零星地区,占全市总面积的10%,面积约为0.6万 km²,包括四子王旗西北部的零星地区、卓资县中部的零星地区、察哈尔右翼中旗东北部的零星地区、察哈尔右翼后旗东南部的零星地区、商都县东南部、凉城县中部和西北部、察哈尔右翼前旗中部、丰镇市西南部、兴和县中部及集宁区南部等。上述地区处于阴山南麓东段偏南地区,无霜期日数平均130~150 d,≥10 ℃活动积温2800~3200 ℃·d,初霜日(日最低气温≤0 ℃)出现在11月上旬前期,终霜日出现在3月下旬。该区霜冻发生危险性指数均不足0.1,初霜冻发生日期相对较迟,热量充足,无霜期较短,适宜大力发展大豆种植业。

(2)较低风险区。本区风险指数为0.47~0.51,主要分布在乌兰察布市北部大部和南部零星地区,占全市总面积的31%,面积约为1.7万 km²,包括四子王旗北部、卓资县中部、察哈尔右翼中旗东北部、察哈尔右翼后旗东南部、商都县南部、化德县中部和东北部、凉城县中部偏南、察哈尔右翼前旗西北部和东部、丰镇市中部偏北、兴和县中部偏北及集宁区北部。上述地区处于阴山北麓东段偏北地区和阴山南麓东段偏北地区,无霜期

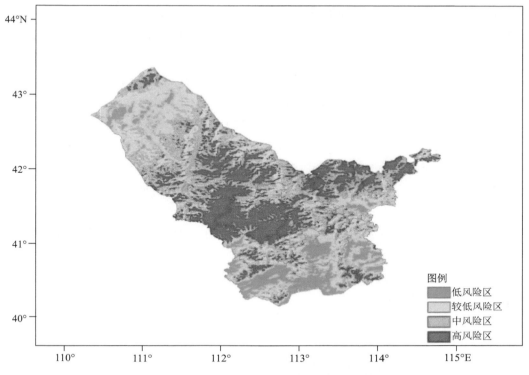

图 4.14　乌兰察布市大豆秋季霜冻灾害风险区划

日数平均 110～140 d,≥10 ℃活动积温 2400～2800 ℃·d,初霜日(日最低气温≤0 ℃)
出现在 10 月下旬后期至 11 月上旬前期,终霜日出现在 3 月下旬至 4 月上旬。该区霜冻
发生危险性指数均不足 0.2,该区霜冻发生强度相对略低,热量条件够用,但大豆种植面
积不大,脆弱性指数较小,故为较低风险区。该区域内有岱海和黄旗海,可以用有利的水
源条件大力发展灌溉技术,提高防灾减灾能力。

(3)中风险区。本区风险指数为 0.51～0.54,主要分布在乌兰察布市中部偏北区域,
占全市总面积的 32%,面积约为 1.8 万 km²,包括四子王旗中部偏南、卓资县南部零星地
区、察哈尔右翼中旗北部、察哈尔右翼后旗东北部、商都县中部偏北、化德县中部偏南、凉
城县南部零星地区、察哈尔右翼前旗西部和东北部零星地区、丰镇市东南部和兴和县北
部零星地区。上述地区处于阴山北麓东段偏北地区,无霜期日数平均 100～130 d,≥10 ℃
活动积温 2200～2400 ℃·d,初霜日(日最低气温≤0 ℃)出现在 10 月下旬,终霜日出现在
3 月下旬至 4 月上旬。该区霜冻发生危险性指数均在 0.1～0.3,地处阴山山脉地区,海
拔相对较高,敏感性指数在 4～5 级,且农田分布不多,离黄河支流较近,可有效引进水
源,改进种植技术,提高防霜能力。

(4)高风险区。本区风险指数≥0.54,主要分布在乌兰察布市中部,占全市总面积的
27%,面积约为 1.5 万 km²,包括四子王旗南部、卓资县北部和东南部零星地区、察哈尔
右翼中旗西南部大部、察哈尔右翼后旗西南部、商都县北部、化德县北部、凉城县中部偏

北和南部零星地区、察哈尔右翼前旗西南部和东北部零星地区、丰镇市东南部及兴和县西南部等。上述地区处于阴山北麓东段偏南地区,无霜期日数平均 70～120 d,≥10 ℃活动积温不足 2200 ℃·d,是内蒙古自治区霜冻发生时间较早的地区,初霜日(日最低气温≤0 ℃)出现在 10 月中旬至下旬前期,终霜日出现在 4 月上、中旬。该区霜冻发生危险性指数均在 0.2～0.4,有零星农田分布,无霜期日数较少,且热量条件略有不足,应尽量选育和推广早熟抗寒品种,减轻霜冻带来的损失。

4.5.1.6 呼和浩特市大豆霜冻风险区划(图 4.15)与分区评述

(1)低风险区。本区风险指数<0.40,主要分布在呼和浩特市中部偏西区域,占全市总面积的 20%,面积约为 0.4 万 km²,包括土默特左旗南部、市区西部零星地区、和林格尔县西部零星地区、托克托县东北部及清水河县东北部。上述地区大都处于河套灌区,无霜期日数平均 140～160 d,≥10 ℃活动积温 3100～3400 ℃·d,初霜日(日最低气温≤0 ℃)出现在 11 月上旬后期至中旬前期,终霜日出现在 3 月中旬后期。该区霜冻发生危险性指数均不足 0.1,距离黄河较近,应利用良好的灌溉条件,加大农作物灌溉水分供应,同时,上述区域热量充足,无霜期较长,大豆种植面积不大,脆弱性指数较低,非大豆主要种植区域,应适当调整种植结构。

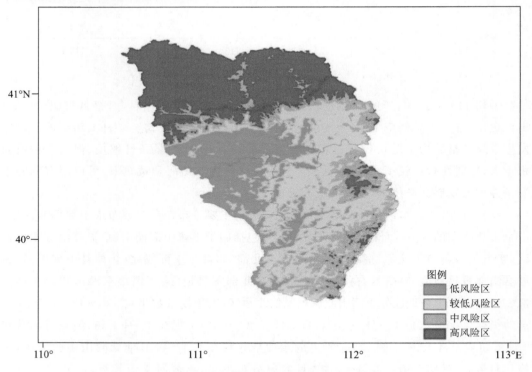

图 4.15 呼和浩特市大豆秋季霜冻灾害风险区划

(2)较低风险区。本区风险指数为 0.40～0.45,主要分布在呼和浩特市中部,占全市总面积的 31%,面积约为 0.5 万 km²,包括土默特左旗中部、市区中部和南部、和林格尔县西北部、托克托县东南部及清水河县中部偏北区域。上述地区也处于土默川平原地区,无霜期日数平均 130～150 d,≥10 ℃活动积温 2800～3100 ℃·d,初霜日(日最低气温≤0 ℃)出现在 11 月上旬,终霜日出现在 3 月下旬前期。该区霜冻发生危险性指数均不足 0.1,气候条件适宜发展大豆种植业,由于距黄河较近,应充分利用黄河流域的水资源,改善农田小气候环境,提高霜冻防御能力。

(3)中风险区。本区风险指数为 0.45～0.50,主要分布在呼和浩特市东南部,占全市总面积的 17%,面积约为 0.3 万 km²,包括武川县中部的零星地区、土默特左旗中部偏北、市区中部偏北和偏东部、和林格尔县东部和南部及清水河县东南部。上述地区处于阴山南麓中部,无霜期日数平均 120～140 d,≥10 ℃活动积温 2400～2800 ℃·d,初霜日(日最低气温≤0 ℃)出现在 10 月下旬后期至 11 月上旬前期,终霜日出现在 3 月下旬后期。该区霜冻发生危险性指数均不足 0.2,相对低风险区初霜日发生较早,地处鄂尔多斯高原东部边缘地带,海拔相对较高,敏感性指数偏高,但可利用黄河支流的水源提高防灾减灾能力,故为中风险区。

(4)高风险区。本区风险指数≥0.50,主要分布在呼和浩特市北部,占全市总面积的 32%,面积约为 0.6 万 km²,包括武川县大部、土默特左旗北部、市区北部、清水河县东南部及和林格尔县东部和南部零星地区。上述地区处于阴山北麓中部——大青山地区,无霜期日数平均 70～130 d,≥10 ℃活动积温 1800～2400 ℃·d,是我内蒙古自治区霜冻发生时间较早的地区,初霜日(日最低气温≤0 ℃)出现在 10 月中旬后期至下旬,终霜日出现在 4 月上、中旬。该区霜冻发生危险性指数均在 0.2～0.4,无霜期日数较少,地处大青山地区,建议大豆种植应尽量适期早播。

4.5.2　旗(县)霜冻风险区划与分区评述

4.5.2.1　莫力达瓦达斡尔族自治旗大豆霜冻风险区划(图 4.16)与分区评述

(1)低风险区。本区风险指数<0.37,主要分布在莫力达瓦达斡尔族自治旗南部,占全旗总面积的 5%,面积约为 0.05 万 km²。上述地区无霜期日数平均 120～130 d,≥10 ℃积温 2500～2700 ℃·d,初霜日(日最低气温≤0 ℃)出现在 10 月 22—27 日,终霜日出现在 3 月 31 日—4 月 5 日。该区霜冻发生危险性指数均不足 0.1。该地区热量充足,大豆种植面积较大,初霜日发生略偏晚,且有诺敏河流经过,可保持当前的种植结构,并利用较好的水资源条件,适当加大灌溉力度。

(2)低风险区。本区风险指数为 0.37～0.45,主要分布在莫力达瓦达斡尔族自治旗中部,占全旗总面积的 41%,面积约为 0.42 万 km²。上述地区处于大兴安岭南麓,无霜期日数平均 110～120 d,≥10 ℃活动积温 2200～2600 ℃·d,初霜日(日最低气温≤0 ℃)出现在 10 月 17—22 日,终霜日出现在 4 月 5—10 日。该区霜冻发生危险性指数均不足 0.1。该区域初霜冻发生较早,热量资源较低风险区略低,应积极利用较适宜的气候条件,改进耕作制度,有效利用附近的诺敏河和甘河,提高霜冻防御能力。

(3)中风险区。本区风险指数为 0.45～0.51,主要分布在莫力达瓦达斡尔族自治旗东北部,占全旗总面积的 41%,面积约为 0.43 万 km²。上述地区无霜期日数平均

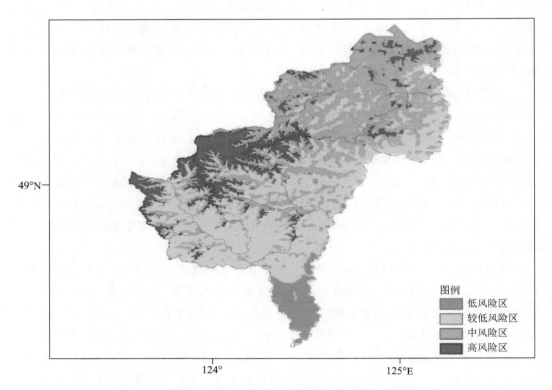

图 4.16　莫力达瓦达斡尔族自治旗大豆秋季霜冻灾害风险区划

100～110 d,≥10 ℃活动积温 2100～2300 ℃·d,初霜日(日最低气温≤0 ℃)出现在 10 月 12—22 日,终霜日出现在 4 月 10—15 日。该区霜冻发生危险性指数均不足 0.2。该区域山地分布众多,霜冻发生风险略高,大豆为该区域主要农作物之一,应加强田间管理,保持田间湿润,采用合理的水肥管理措施,提高大豆植株活力。

(4)高风险区。本区风险指数≥0.51,主要分布在莫力达瓦达斡尔族自治旗西北部和东北部零星地区,占全旗总面积的 13%,面积约为 0.14 万 km²。该区无霜期日数平均 90～110 d,≥10 ℃活动积温 1800～2200 ℃·d,是内蒙古自治区霜冻发生时间较早的地区,初霜日(日最低气温≤0 ℃)出现在 10 月 12—17 日,终霜日出现在 4 月 10—20 日。该区霜冻发生危险性指数均在 0.2～0.4。该区域热量条件偏差,无霜期日数较少,但农区所占比例不大,应考虑引进优质抗寒品种,积极推广灌溉新技术。

4.5.2.2　鄂伦春自治旗大豆霜冻风险区划(图 4.17)与分区评述

(1)低风险区。本区风险指数<0.55,主要分布在鄂伦春自治旗东南部,占全旗总面积的 18%,面积约为 0.98 万 km²。上述地区无霜期日数平均 90～110 d,≥10 ℃活动积温 2100～2400 ℃·d,初霜日(日最低气温≤0 ℃)出现在 10 月 12—22 日,终霜日出现在 4 月 5—15 日。该区霜冻发生危险性指数均不足 0.1。该区域霜冻发生略迟,热量条件较充足,大豆种植面积较大,脆弱性较高,应加强水利设施建设,改善农田小气候,提高防灾减灾能力。

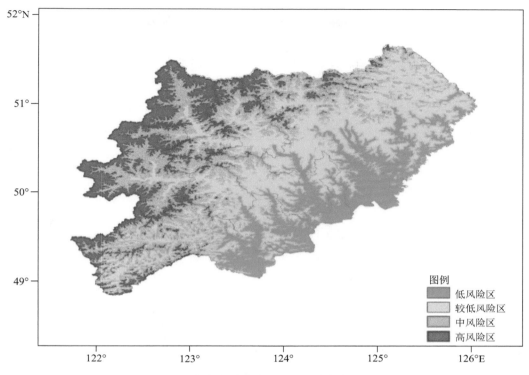

图 4.17　鄂伦春自治旗大豆秋季霜冻灾害风险区划

（2）较低风险区。本区风险指数为 0.55～0.65,主要分布在鄂伦春自治旗中部偏东南,占全旗总面积的 38%,面积约为 2.11 万 km²。上述地区无霜期日数平均 90～100 d,≥10 ℃积温 1700～2100 ℃·d,初霜日(日最低气温≤0 ℃)出现在 10 月 12—17 日,终霜日出现在 4 月 10—20 日。该区霜冻发生危险性指数均不足 0.1。本地区应掌握霜冻变化规律,合理安排作物品种熟性,利用嫩江支流水域发展先进的灌溉技术,提高植株抗霜能力。

（3）中风险区。本区风险指数为 0.65～0.76,主要分布在鄂伦春自治旗中部偏西北,占全旗总面积的 28%,面积约为 1.58 万 km²。上述地区无霜期日数平均 70～90 d,≥10 ℃活动积温 1500～1700 ℃·d,初霜日(日最低气温≤0 ℃)出现在 10 月 7—12 日,终霜日出现在 4 月 15—20 日。该区霜冻发生危险性指数均不足 0.2。该区域农田分布较少,建议适当开展退耕还林工程建设,提高农业效益。

（4）高风险区。本区风险指数≥0.76,主要分布在鄂伦春自治旗西北部,占全旗总面积的 16%,面积约为 0.86 万 km²。上述地区无霜期日数平均 60～80 d,≥10 ℃活动积温不足 1500 ℃·d,是内蒙古自治区霜冻发生时间较早的地区,初霜日(日最低气温≤0 ℃)出现在 9 月 27 日—10 月 7 日,终霜日出现在 4 月 20—30 日。该区霜冻发生危险性指数均在 0.2～0.4。上述区域以山区林地为主,大豆种植规模较小,且热量条件极为不足,可适当调整优化农林业生产结构。

4.5.2.3　阿荣旗大豆霜冻风险区划(图 4.18)与分区评述

(1)低风险区。本区风险指数<0.47,主要分布在阿荣旗南部大部分地区,占全旗总面积的 43%,面积约为 0.48 万 km²。上述地区无霜期日数平均 110~130 d,≥10 ℃活动积温 2300~2700 ℃·d,初霜日(日最低气温≤0 ℃)出现在 10 月 17—27 日,终霜日出现在 3 月 31 日—4 月 10 日。该区霜冻发生危险性指数均不足 0.1,热量充沛,气候条件总体适宜发展大豆种植业,可大幅度增加大豆种植面积,获得良好经济效益。

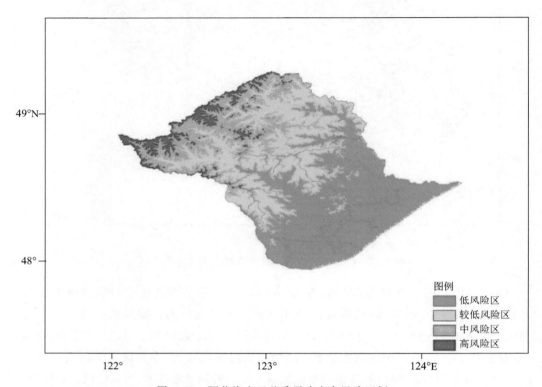

图 4.18　阿荣旗大豆秋季霜冻灾害风险区划

(2)较低风险区。本区风险指数为 0.47~0.59,主要分布在阿荣旗中部偏北区域,占全旗总面积的 32%,面积约为 0.36 万 km²。上述地区无霜期日数平均 100~110 d,≥10 ℃积温 1900~2300 ℃·d,初霜日(日最低气温≤0 ℃)出现在 10 月 17—22 日,终霜日出现在 4 月 5—15 日。该区霜冻发生危险性指数均不足 0.1,初霜日比较低风险区早,应在作物品种选择和布局上进行适当调整,提高农业经济效益。

(3)中风险区。本区风险指数为 0.59~0.70,主要分布在阿荣旗北部,占全旗总面积的 19%,面积约为 0.22 万 km²。上述地区无霜期日数平均 90~100 d,≥10 ℃活动积温 1700~1900 ℃·d,初霜日(日最低气温≤0 ℃)出现在 10 月 12—17 日,终霜日出现在 4 月 10—20 日。该区霜冻发生危险性指数均不足 0.2,大豆种植面积较小,脆弱性指数偏低,应统筹规划农林结构,适当调整大豆种植面积。

(4)高风险区。本区风险指数≥0.70,主要分布在阿荣旗西北部零星区域,占全旗总面积的 6%,面积约为 0.06 万 km²。上述地区无霜期日数平均 70~90 d,≥10 ℃活动积温不足 1700 ℃·d,是内蒙古自治区霜冻发生时间较早的地区,初霜日(日最低气温≤0 ℃)出现在 10 月 2—12 日,终霜日出现在 4 月 15—25 日。该区霜冻发生危险性指数均在 0.2~0.4。上述地区地形复杂,易导致冷空气堆积和辐射降温。

4.5.2.4　扎兰屯市大豆霜冻风险区划(图 4.19)与分区评述

(1)低风险区。本区风险指数<0.44,主要分布在扎兰屯市东南部,占扎兰屯市总面积的 17%,面积约为 0.28 万 km²。上述地区无霜期日数平均 110~130 d,≥10 ℃活动积温 2400~2700 ℃·d,初霜日(日最低气温≤0 ℃)出现在 10 月 17—27 日,终霜日出现在 3 月 31 日—4 月 10 日。该区霜冻发生危险性指数均不足 0.1,气候条件适宜,农业生产力较高,有雅鲁河和嫩江支流经过,地势相对平坦,为大豆种植业发展提供了良好条件。

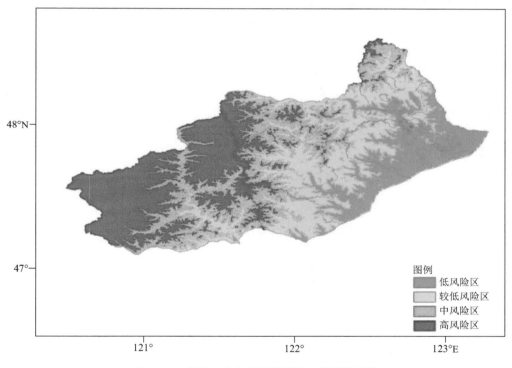

图 4.19　扎兰屯市大豆秋季霜冻灾害风险区划

(2)较低风险区。本区风险指数为 0.44~0.54,主要分布在扎兰屯市东部偏西北区域,占扎兰屯市总面积的 26%,面积约为 0.44 万 km²。上述地区无霜期日数平均 110~120 d,≥10 ℃活动积温 2200~2400 ℃·d,初霜日(日最低气温≤0 ℃)出现在 10 月 17—22 日,终霜日出现在 4 月 5—15 日。该区霜冻发生危险性指数均不足 0.1,热量较低风险区略少,初霜冻发生也略有提前,距离雅鲁河和嫩江支流相对较远,可采用先进的技术利用地下水进行灌溉等有效措施防御霜冻危害。

（3）中风险区。本区风险指数为 0.54～0.66，主要分布在扎兰屯市中部偏西区域，占扎兰屯市总面积的 27%，面积约为 0.47 万 km²。上述地区无霜期日数平均 90～110 d，≥10 ℃积温 1900～2200 ℃·d，初霜日（日最低气温≤0 ℃）出现在 10 月 12—22 日，终霜日出现在 4 月 10—15 日。该区霜冻发生危险性指数均不足 0.2。本区热量稍欠，大豆种植面积较小，霜冻的防御重点应加强田间管理，配合喷洒防霜剂等方式增强抗冻能力。

（4）高风险区。本区风险指数≥0.66，主要分布在扎兰屯市西部大部和东北部零星地区，占扎兰屯市总面积的 30%，面积约为 0.52 万 km²。上述地区无霜期日数不足 90 d，≥10 ℃活动积温不足 1900 ℃·d，是内蒙古自治区霜冻发生时间较早的地区，初霜日（日最低气温≤0 ℃）出现在 10 月 2—17 日，终霜日出现在 4 月 15—30 日。该区霜冻发生危险性指数均在 0.2～0.4，热量条件不足，农田零星分布，在霜冻天气过后，根据受冻情况，可通过喷施植物生长调节剂、加强后期管理等措施减少霜冻带来的损失。

4.5.2.5 扎赉特旗大豆霜冻风险区划（图 4.20）与分区评述

（1）低风险区。本区风险指数＜0.28，主要分布在扎赉特旗东南部，占全旗总面积的 20%，面积约为 0.22 万 km²。上述地区无霜期日数平均 130～150 d，≥10 ℃活动积温 2800～3100 ℃·d，初霜日（日最低气温≤0 ℃）出现在 10 月 27 日—11 月 1 日，终霜日出现在 3 月 26—31 日。该区霜冻发生危险性指数均不足 0.1，无霜期日数较多，有绰尔河经过，水资源丰富，应进一步保持和优化农业生产力，适当扩大大豆种植面积。

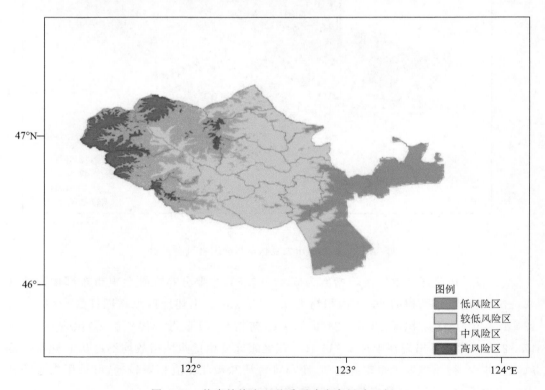

图 4.20 扎赉特旗大豆秋季霜冻灾害风险区划

（2）较低风险区。本区风险指数为 0.28～0.39,主要分布在扎赉特旗中部偏东区域,占全旗总面积的 47%,面积约为 0.52 万 km²。上述地区无霜期日数平均 120～140 d,≥10 ℃活动积温 2500～2800 ℃·d,初霜日(日最低气温≤0 ℃)出现在 10 月 22 日—11 月 1 日,终霜日出现在 3 月 26 日—4 月 5 日。该区霜冻发生危险性指数均不足 0.1,热量相对较少,距离绰尔河流域较近,防灾减灾能力较强,大豆为上述地区主要农作物之一,应充分挖掘气候资源潜力,在适宜区内适度扩大大豆种植面积。

（3）中风险区。本区风险指数为 0.39～0.51,主要分布在扎赉特旗中部偏西区域,占全旗总面积的 24%,面积约为 0.27 万 km²。上述地区无霜期日数平均 110～130 d,≥10 ℃活动积温 2200～2600 ℃·d,初霜日(日最低气温≤0 ℃)出现在 10 月 22—27 日,终霜日出现在 3 月 31 日—4 月 10 日。该区霜冻发生危险性指数均不足 0.2,农田所占比例不大,可适当改善农田生态环境。

（4）高风险区。本区风险指数≥0.51,主要分布在扎赉特旗西北部,占全旗总面积的 9%,面积约为 0.10 万 km²。上述地区无霜期日数平均 80～120 d,≥10 ℃活动积温 1600～2200 ℃·d,是内蒙古自治区霜冻发生时间较早的地区,初霜日(日最低气温≤0 ℃)出现在 10 月 12—22 日,终霜日出现在 4 月 5—20 日。该区霜冻发生危险性指数均在 0.2～0.4,初霜冻发生较早,热量资源不足,可适当改变种植业发展方向。

4.5.2.6　科尔沁右翼前旗大豆霜冻风险区划(图 4.21)与分区评述

（1）低风险区。本区风险指数<0.37,主要分布在科尔沁右翼前旗东部偏东区域,占全旗总面积的 15%,面积约为 0.26 万 km²。上述地区无霜期日数平均 120～140 d,≥10 ℃活动积温 2600～2900 ℃·d,初霜日(日最低气温≤0 ℃)出现在 10 月 22 日—11 月 1 日,终霜日出现在 3 月 26 日—4 月 5 日。该区霜冻发生危险性指数均不足 0.1,有归流河经过,灌溉相对便利,可根据地形选种优良品种,加强生长期管理,扩大大豆产业规模。

（2）较低风险区。本区风险指数为 0.37～0.48,主要分布在科尔沁右翼前旗东部偏西区域,占全旗总面积的 21%,面积约为 0.35 万 km²。上述地区无霜期日数平均 120～130 d,≥10 ℃积温 2400～2600 ℃·d,初霜日(日最低气温≤0 ℃)出现在 10 月 22—27 日,终霜日出现在 3 月 31 日—4 月 5 日。该区霜冻发生危险性指数均不足 0.1,地势相对较低,较适宜种植大豆,较低风险区稍少,应在霜冻来临时及时开展熏烟防冻,减轻霜冻灾害损失。

（3）中风险区。本区风险指数为 0.48～0.60,主要分布在科尔沁右翼前旗中部偏西区域,占全旗总面积的 30%,面积约为 0.50 万 km²。上述地区无霜期日数平均 110～120 d,≥10 ℃活动积温 2200～2400 ℃·d,初霜日(日最低气温≤0 ℃)出现在 10 月 17—27 日,终霜日出现在 4 月 5—10 日。该区霜冻发生危险性指数均不足 0.2,海拔略高,敏感性较高,但大豆种植面积不大,脆弱性指数不高,应考虑在避风向阳、半阳坡、土层深厚肥沃的山腰坡地或平地栽植。

（4）高风险区。本区风险指数≥0.60,主要分布在西部大部地区,占全旗总面积的

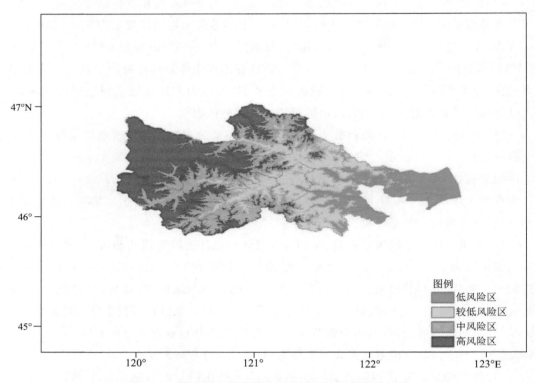

图 4.21　科尔沁右翼前旗大豆秋季霜冻灾害风险区划

34%,面积约为 0.58 万 km²。上述地区无霜期日数平均 70～110 d,≥10 ℃活动积温均在 2200 ℃·d 以下,是内蒙古自治区霜冻发生时间较早的地区,初霜日(日最低气温≤0 ℃)出现在 10 月 7—22 日,终霜日出现在 4 月 10—25 日。该区霜冻发生危险性指数均在 0.2～0.4,接近阿尔山地区,敏感性指数偏高,本区农田零星分布,各地要密切关注温度变化,提前安排灌溉,也可配合喷施防霜剂等方式增强植株抗冻能力,减轻霜冻危害。

4.5.2.7　突泉县大豆霜冻风险区划(图 4.22)与分区评述

(1)低风险区。本区风险指数<0.30,主要分布在突泉县南部,占全县总面积的 41%,面积约为 0.20 万 km²。上述地区无霜期日数平均 130～150 d,≥10 ℃活动积温 2700～3200 ℃·d,初霜日(日最低气温≤0 ℃)出现在 10 月 27 日—11 月 6 日,终霜日出现在 3 月 21—31 日。该区霜冻发生危险性指数均不足 0.1,热量条件较好,有嫩江的支流经过,应通过提高有效灌溉率进一步增强抗霜冻能力。

(2)较低风险区。本区风险指数为 0.30～0.40,主要分布在突泉县中部,占全县总面积的 24%,面积约为 0.12 万 km²。上述地区无霜期日数平均 120～140 d,≥10 ℃活动积温 2500～3100 ℃·d,初霜日(日最低气温≤0 ℃)出现在 10 月 22 日—11 月 1 日,终霜日出现在 3 月 26 日—4 月 5 日。该区霜冻发生危险性指数均不足 0.1,初霜日出现较低风险区略早,优化农牧业生产结构,适当调整大豆种植面积。

(3)中风险区。本区风险指数为 0.40～0.50,主要分布在突泉县中部偏北区域,占全

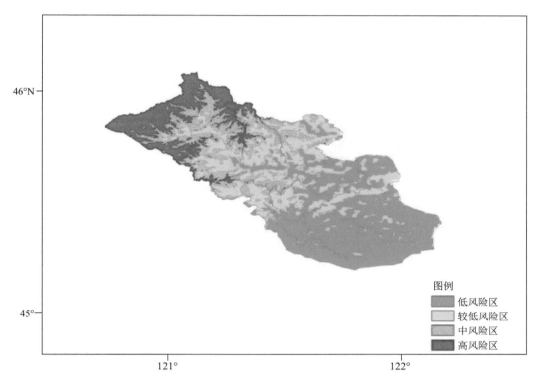

图 4.22　突泉县大豆秋季霜冻灾害风险区划

县总面积的 19%,面积约为 0.09 万 km²。上述地区处于阴山南麓中部,无霜期日数平均 120~130 d,≥10 ℃活动积温 2400~2700 ℃·d,初霜日(日最低气温≤0 ℃)出现在 10 月 22—27 日,终霜日出现在 3 月 31 日—4 月 5 日。该区霜冻发生危险性指数均不足 0.2,山地分布众多,农田面积较小,发展方向是增大早熟大豆的种植比例,尽量减少初霜冻的影响。

(4)高风险区。本区风险指数≥0.50,主要分布在突泉县北部,占全县总面积的 16%,面积约为 0.08 万 km²。上述地区无霜期日数平均 90~120 d,≥10 ℃活动积温 1700~2500 ℃·d,是内蒙古自治区霜冻发生时间较早的地区,初霜日(日最低气温≤0 ℃)出现在 10 月 12—27 日,终霜日出现在 4 月 5—20 日。该区霜冻发生危险性指数均在 0.2~0.4,热量条件不足,地处大兴安岭山脉地段,海拔较高,发生风险较高,但大豆种植面积较小,脆弱性较低,可适当调整耕作制度。

4.5.2.8　科尔沁右翼中旗大豆霜冻风险区划(图 4.23)与分区评述

(1)低风险区。本区风险指数<0.28,主要分布在科尔沁右翼中旗东部,占全旗总面积的 43%,面积约为 0.56 万 km²。上述地区地处大兴安岭南麓地区,无霜期日数平均 140—160 d,≥10 ℃活动积温 2900~3300 ℃·d,初霜日(日最低气温≤0 ℃)出现在 10 月 27 日—11 月 6 日,终霜日出现在 3 月 21—31 日。该区霜冻发生危险性指数均不足 0.1,该地段处于松嫩平原的西部地带,地势平坦,境内有霍林河流域,气候条件适宜大力

发展大豆种植产业。

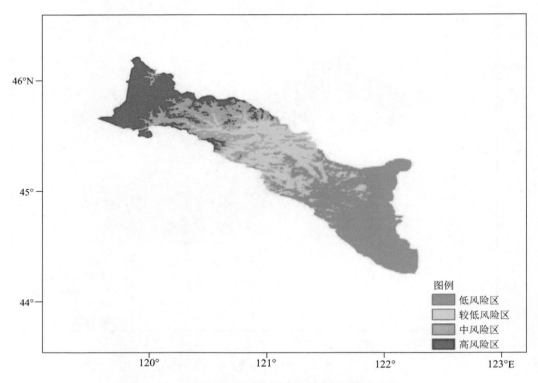

图 4.23 科尔沁右翼中旗大豆秋季霜冻灾害风险区划

(2)较低风险区。本区风险指数为 0.28~0.43,主要分布在科尔沁右翼中旗中部偏南区域,占全旗总面积的 24%,面积约为 0.31 万 km²。上述地区无霜期日数平均 120~140 d,≥10 ℃活动积温 2500~2900 ℃·d,初霜日(日最低气温≤0 ℃)出现在 10 月 27 日—11 月 1 日,终霜日出现在 3 月 26 日—4 月 5 日。该区霜冻发生危险性指数均不足 0.1,热量条件较低风险区略有不足,建议优化农牧生产结构,适当调整大豆种植面积。

(3)中风险区。本区风险指数为 0.43~0.57,主要分布在科尔沁右翼中旗中部偏北区域,占全旗总面积的 15%,面积约为 0.19 万 km²。上述地区无霜期日数平均 110~120 d,≥10 ℃活动积温 2200~2500 ℃·d,初霜日(日最低气温≤0 ℃)出现在 10 月 22—27 日,终霜日出现在 4 月 5—10 日。该区霜冻发生危险性指数均不足 0.2,热量资源略有不足,以畜牧业为主,农区分布范围较小,应着力加强水利设施建设,增强抗灾能力,选育大豆抗寒品种,减轻霜冻危害。

(4)高风险区。本区风险指数≥0.57,主要分布在科尔沁右翼中旗北部地区,占全旗总面积的 18%,面积约为 0.23 万 km²。上述地区无霜期日数平均 80~110 d,≥10 ℃活动积温不足 2200 ℃·d,是内蒙古自治区霜冻发生时间较早的地区,初霜日(日最低气温≤0 ℃)出现在 10 月 12—22 日,终霜日出现在 4 月 10—20 日。该区霜冻发生危险性指数均在 0.2~0.4,初霜出现偏早不利于发展大豆种植业,应进一步优化当前农牧业生产制度。

第5章 内蒙古自治区大豆干旱灾害风险评估与区划

内蒙古自治区是中国大豆集中产区之一,但该地区受海拔、地势、土质等因素影响,生态条件复杂,水热分布不均,干旱一直是该区域农业发展最主要的制约因素,常造成作物大范围减产甚至绝收,灾害损失为各类自然灾害之首(赵映慧 等,2017)。随着全球气候暖干化趋势日趋明显,对干旱的发生频率、危害程度等将产生一系列影响。因此,研究干旱风险评估方法及风险区划,对于防灾减灾、农业产业结构调整具有重要意义。内蒙古自治区大豆一般于5月开始播种,于7月中旬—8月中旬进入生长发育关键时期(开花—结荚—鼓粒期),此时期干旱对大豆产量影响最大,也是造成大豆产量波动的关键时期。

本章在朱琳等(2012)、刘玉英等(2013)、杨平等(2015)和薛昌颖等(2016)的研究基础上,结合内蒙古自治区第二次土地调查数据,基于自然灾害风险评估方法,综合考虑干旱灾害的致灾因子危险性、孕灾环境敏感性、承灾体脆弱性及防灾减灾能力,构建内蒙古自治区大豆生长发育关键期干旱风险综合指数,并依托GIS技术进行精细化风险区划,最后利用内蒙古自治区各地历史灾害损失资料、产量资料对干旱区划结果进行验证,为大豆种植的布局调整和防灾减灾战略等方面提供科学的决策依据。

5.1 资料与方法

5.1.1 资料来源

全区119个气象观测站1971—2010年逐日降水量,来源于内蒙古自治区气象数据中心;扎兰屯市1987—2018年大豆农业气象观测资料,科尔沁右翼前旗、和林格尔县2010—2018年大豆农业气象观测资料,来源于大豆农业气象观测站;1987—2020年内蒙古自治区各旗(县)大豆社会产量及种植面积等统计资料,来源于内蒙古自治区统计局;干旱灾情数据来源于内蒙古自治区气象局灾情直报系统,包括1981年以来各旗(县)干旱灾害发生时间、受灾面积、成灾面积、绝收面积等。地理信息资料包括经度、纬度、海拔等基础信息栅格数据,来源于SRTM(Shuttle Radar Topography Mission)航天飞机雷达地形测绘数据,分辨率75 m;人口密度、人均GDP等社会经济数据来源于国家科技基础条件平台——国家地球系统科学数据共享平台,耕地面积占土地面积比例、灌溉面积占耕地面积比例数据来源于内蒙古自治区第二次土地调查数据,分辨率为 1:1 万。

5.1.2　研究方法

5.1.2.1　产量资料处理

一般来说,农作物产量可分为 3 个部分,即趋势产量、气象产量和随机"噪声",表示为

$$Y = Y_t + Y_w + \varepsilon \tag{5.1}$$

式中:Y 为作物历年单产(斤/亩①);Y_t 为趋势产量(斤/亩);Y_w 为气象产量(斤/亩);ε 为随机"噪声",一般忽略不计,故式(5.1)可简化为

$$Y = Y_t + Y_w \tag{5.2}$$

趋势产量可以通过拟合函数从实际产量中分离出来。本章采用 5 a 直线滑动平均模拟和建立回归模型的方法,求取大豆趋势产量(Y_t)(宋迎波 等,2006)。大豆的产量主要受气象灾害的影响,产量波动可以综合反映农业气象因素的影响。产量波动为负值的年份即为减产年,大小为减产率。一般产量波动可以用实际产量偏离趋势产量的百分比表示,即用气象产量除以趋势产量,得到相对气象产量 Y_r,公式如下:

$$Y_r = Y_w / Y_t \tag{5.3}$$

以下在大豆干旱区划分析中,使用的都是相对气象产量资料。

5.1.2.2　小网格推算模型的建立

利用 SPSS(统计产品与服务解决方案)统计软件,采用多元回归方法建立大豆干旱风险指数及其风险评估因子与经度、纬度和海拔高度的小网格推算模型,并在 ArcGIS 支持下实现风险评估因子及其干旱风险指数的空间分布。

5.1.2.3　数据标准化

由于所选指标单位不同,不具有可比性,需要对每个指标进行标准化处理,使其值为 0~1,以消除量纲的影响,表达式为

$$y_i = \frac{x_i - x_{min}}{x_{max} - x_{min}} \quad i = (1, 2, \cdots, n) \tag{5.4}$$

式中:x_i 为指标值;y_i 为标准化后的指标值;x_{max} 和 x_{min} 分别为该指标的最大值和最小值(袭祝香 等,2003)。

5.2　大豆干旱指标体系

5.2.1　干旱年的界定

造成干旱的根本原因是水分短缺,主要原因有两方面:一是降水不足;二是高温、地

---

① 1 斤=500 g,1 亩=1/15 hm²。

面风速等的影响加剧了地面水分的蒸发。我国研究干旱常用的指标有降水量、连续无雨日数、降水量距平百分率、土壤水分、水分亏缺指数、帕尔墨干旱指数等。本章采用大豆关键生长期(7 月中旬—8 月中旬)的降水量距平百分率表示干旱,作为判断干旱灾害发生的指标,该方法的优点是数据获取容易、计算过程简单,且能够较好地反映降水量的年际差异(金林雪 等,2020)。

5.2.2　干旱等级指标

参考《干旱灾害等级标准》(SL 663—2014)和《气象干旱等级》(GB/T 20481—2017),利用历年干旱灾情数据,经过反复的调整、验证,建立大豆关键生长期(7 月中旬—8 月中旬)干旱灾害等级指标(表 5.1)。

表 5.1　内蒙古自治区大豆干旱等级指标

等级	类型	降水量距平百分率 $P/\%$
0	无旱	$P > -30$
1	轻旱	$-50 < P \leqslant -30$
2	中旱	$-70 < P \leqslant -50$
3	重旱	$P \leqslant -70$

5.2.3　干旱指标的验证

为了验证上述指标,利用内蒙古自治区大豆主产区(呼伦贝尔市、兴安盟、通辽市、赤峰市,以下简称"东四盟")1983 年以来干旱灾情资料对指标进行验证。具体验证步骤为:

(1)筛选出东四盟各旗(县)1983—2016 年所有的干旱年并分别统计总年数;

(2)根据表 5.1 制定的干旱指标,筛选出东四盟各旗(县)1983—2016 年出现旱情(降水量距平百分率小于 -30%)的年份并分别统计其总年数;

(3)计算各旗(县)干旱年与干旱灾情资料上出现的干旱总年数的对应率;

(4)统计东四盟各盟(市)的平均对应率(表 5.2)。

表 5.2　内蒙古自治区大豆干旱指标验证

	盟(市)				平均
	呼伦贝尔市	兴安盟	通辽市	赤峰市	
验证对应率	67.8%	75.7%	77.9%	86.8%	77.1%

由表 5.2 可见,根据降水量距平百分率建立的干旱指标与干旱灾情资料的对应较好,平均对应率为 77.1%,说明上述干旱指标能够客观反映内蒙古自治区的干旱发生情况。由于灾情资料中的受旱面积包括各类农作物及牧草等,因此在验证大豆干旱等级指标与灾情资料的吻合时效果较差,定量的验证工作较难开展。以大豆主产区呼伦贝尔市

的 3 个旗(县)为例,达到中旱及重旱的年份与轻旱年份相比,受灾、成灾及绝收面积呈明显递增趋势(表 5.3),说明上述干旱指标能够反映出内蒙古自治区的干旱范围。

表 5.3 内蒙古自治区干旱灾情资料与大豆干旱指标对比情况

站名	年份	降水量距平百分率/%	干旱等级	农作物受灾面积/hm²	农作物成灾面积/hm²	农作物绝收面积/hm²
陈巴尔虎旗	2001	−36	轻旱	$6.6×10^4$	$6×10^4$	$0.6×10^4$
	2004	−77	重旱	$13.7×10^4$	—	$3.7×10^4$
	2016	−69	中旱	$24.7×10^4$	—	—
鄂伦春自治旗	2002	−32	轻旱	$5.8×10^4$	$5.2×10^4$	$1.4×10^4$
	2004	−74	重旱	$17×10^4$	$15.1×10^4$	$13.7×10^4$
	2006	−41	中旱	$13.4×10^4$	—	—
	2007	−69	中旱	$11.4×10^4$	—	—
莫力达瓦达斡尔族自治旗	1996	−36	轻旱	$2.0×10^4$	$1.4×10^4$	$1.4×10^4$
	2000	−58	中旱	$20.4×10^4$	$20.4×10^4$	$6.8×10^4$
	2002	−35	轻旱	$1.5×10^4$	$0.9×10^4$	$0.9×10^4$
	2004	−53	中旱	$10.7×10^4$	$10.7×10^4$	$3.2×10^4$
	2016	−45	中旱	$27.6×10^4$	—	—

注:"—"表示无数据。

5.2.4 因旱减产指标的确定

根据划分的干旱等级,从内蒙古地区的各旗(县)7 月 11 日—8 月 20 日历年降水量距平百分率数据中筛选出轻旱、中旱、重旱年的降水量距平百分率,与相对应年的大豆减产率作相关分析并建立回归模型,发现正相关关系明显,说明降水量的减少会造成大豆的减产。根据建立的回归方程计算不同等级大豆干旱对应的降水负距平情况下各地大豆减产率,再对各旗(县)、各盟(市)统计因不同等级干旱而减产的平均值,得到东、中、西部区的大豆旱灾平均减产率(表 5.4),全区的大豆旱灾平均减产率计算方法也类似。可以看出,最终得出的因旱减产范围与农业上划分灾害年型的范围相符。因此,本章建立的大豆干旱指标体系较为适合内蒙古自治区。

表 5.4 内蒙古自治区大豆不同干旱等级对应减产率范围 %

		干旱等级		
		轻旱	中旱	重旱
地区	东部区	7.0~12.5	10.6~22.5	＞25
	中部区	6.0~12.8	18.2~24.0	＞28
	西部区	7.4~10.5	11.2~22.5	＞36
全区平均		6.5~13.0	13.0~30.0	≥30

表 5.4 说明,建立的干旱等级指标与大豆减产率有较好的一致性,由回归方程推算结果说明,轻旱造成的减产率全区平均为 6.5%～13.0%,中旱造成的减产率全区平均为 13.0%～30.0%,重旱造成的减产率平均超过 30%,说明干旱等级指标能够较好地反映大豆减产情况,作为内蒙古大豆干旱指标具有较好的适用性。

5.3　大豆干旱灾害风险评估指标体系

5.3.1　自然灾害风险指数法

干旱灾害风险受致灾因子危险性、承灾体脆弱性、孕灾环境敏感性和防灾减灾能力 4 个因子共同影响(李世奎 等,1999)。通常采用自然灾害风险指数表征风险程度,可表示为

$$自然灾害风险指数 = f(危险性,敏感性,脆弱性,防灾减灾能力)$$

5.3.2　层次分析法

层次分析法是一种对指标进行定性、定量分析的方法。采用层次分析法构建农业干旱风险评估指标体系,邀请不同领域的 20 位专家,对所选指标进行重要性比较,构建判断矩阵,确定各要素的权重系数(孙建军 等,2005)。

5.3.3　加权综合评价法

加权综合评价法是依据评价指标对评价总目标影响的重要程度,预先分配一个相应的权重系数,然后与相应的被评价对象各指标的量化值相乘后再相加(张继权 等,2012),计算公式为

$$G = \sum_{i=1}^{n} A_i P_i \tag{5.5}$$

式中:G 为某评价对象所得的总分;A_i 为评价系统第 i 项指标的量化值($0 \leqslant A_i \leqslant 1$);$P_i$ 为评价系统第 i 项指标的权重系数;n 为系统评价指标个数。

5.3.4　干旱灾害风险评估指标体系

选取干旱灾害强度和发生频率建立致灾因子危险性指数,选取坡度、距离河流远近建立干旱孕灾环境敏感性指数,选取人口密度、人均 GDP、大豆面积占耕地面积比例建立干旱承灾体脆弱性指数,选取人均 GDP、灌溉面积占农田面积比例建立干旱防灾减灾能力指数(图 5.1)。

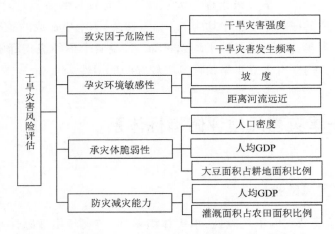

图 5.1　内蒙古自治区大豆干旱灾害风险评估指标体系

5.4　大豆干旱灾害风险评估模型

5.4.1　致灾因子危险性指数

致灾因子危险性与干旱灾害的风险具有密切的正相关。干旱灾害的致灾因子危险性指干旱灾害的自然变异因素和程度,主要指不利的气候条件,如空气干燥或干热、少雨或无雨、蒸发量大等,其中降水是决定干旱的主要因素。利用干旱等级指标分别统计轻旱、中旱、重旱发生频率,并分别赋予不同权重得到干旱致灾因子危险性指数。一般而言,致灾因子危险性指数越大,干旱灾害的风险也越大。致灾因子危险性主要考虑干旱出现的频率、干旱的强度,同时参考历史干旱灾情损失。具体计算方法如下:

第一步,计算大豆干旱发生频率 W。在不考虑抗灾条件下,全区各旗(县)的 W 可用以下公式表达:

$$W_j = \frac{N_j}{n} \qquad (5.6)$$

式中:j 为内蒙古自治区每个旗(县)(119 个站点);W_j 为干旱发生频率;N_j 为干旱发生次数;n 为总年份。干旱发生频率越大,则干旱灾害发生的可能性越大。

第二步,利用式(5.6)得出各旗(县)轻旱、中旱和重旱发生频率,并分别赋予权重 0.15、0.35 和 0.5,得到全区 119 个站点的干旱致灾因子危险性指数 VH。

第三步:为反映干旱致灾因子危险性指数的空间分布特征,通过回归分析,建立大豆致灾因子危险性指数与海拔高度 x_h、经度 x_j、纬度 x_w 的小网格推算模型(式(5.7)),相关系数为 0.67,通过 0.01 的显著性检验。应用 ArcGIS 软件实现致灾因子危险性指数的网格推算,并利用 GIS 的自然断点分级法,将内蒙古自治区大豆致灾因子危险性指数划分为 4 个等级,得到内蒙古自治区大豆致灾因子危险性分布图(图 5.2)。

$$VH = 1.2369 - 0.0102 \times x_j + 0.0061 \times x_w - 0.0001 \times x_h \tag{5.7}$$

一般致灾因子强度越大,频次越高,可能造成的损失越严重,灾害风险也越大。由图 5.2 可见,内蒙古自治区大豆干旱致灾因子危险性分布地区差异显著,由西向东呈高—中—低的变化趋势,其中阿拉善盟、巴彦淖尔市大部、鄂尔多斯偏西及呼伦贝尔市岭西部分地区的危险性最高,也是全区降水最少的地区,年降水量基本<150 mm;中值区主要集中在鄂尔多斯市大部、巴彦淖尔市中部、包头市北部、乌兰察布北部、锡林郭勒盟西北部及呼伦贝尔市偏西地区;危险性较低值区分布在中部偏北大部、赤峰市中部偏东、通辽市中部、兴安盟东南部及呼伦贝尔市岭西地区;中东部偏南地区、呼伦贝尔市东部、兴安盟大部降水偏多,年降水量超过 350 mm,干旱危险性最低。

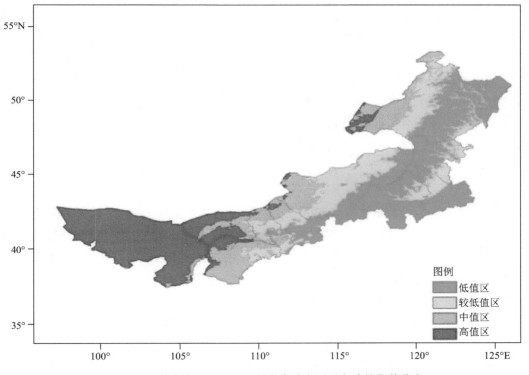

图例

■ 低值区
■ 较低值区
■ 中值区
■ 高值区

图 5.2　内蒙古自治区大豆干旱灾害致灾因子危险性指数分布

5.4.2　孕灾环境敏感性指数

孕灾环境敏感性越大,干旱危害越易发生,相应的干旱风险也增大。孕灾环境的敏感性与地形、水系及下垫面类型等有关,本章选取坡度、距离河流远近表示干旱孕灾环境敏感性,并分别赋予权重 0.6、0.4,得到孕灾环境敏感性指数 VE(式(5.8))。利用 GIS 自然断点分级法,将内蒙古自治区大豆孕灾环境敏感性指数划分为 4 个等级,得到内蒙古自治区大豆孕灾环境敏感性分布图(略)。

$$VE = 0.6 \times 坡度 + 0.4 \times 距离河流远近 \tag{5.8}$$

由于受水系、地形的影响,孕灾环境敏感性的分布很不规则,高值区、中值区位于阿拉善盟大部、中部零星地区及大兴安岭沿山一带,主要是由于地势地形起伏较大且离水源较远,可灌溉性小;而西辽河灌区、河套灌区由于位于水系附近,北部牧区地势低且平缓,均利于灌溉缓解干旱,敏感性相对较弱,敏感性最低;其余地区为较低值区。

5.4.3 承灾体脆弱性指数

承灾体脆弱性是分析农业系统易于遭受干旱致灾因子的破坏、伤害的特性以及各种承灾体对干旱的承受能力。承灾体脆弱性越大,说明承灾体抵御干旱的能力越小,干旱风险越大。参考已有研究及已有数据,选取人口密度、人均 GDP、耕地面积占土地面积比例表示干旱承灾体脆弱性,并分别赋予权重 0.2、0.5 和 0.3,得到承灾体脆弱性指数 VS(式(5.9))。利用 GIS 自然断点分级法,将内蒙古自治区大豆承灾体脆弱性指数划分为 4 个等级,得到内蒙古自治区大豆承灾体脆弱性分布图(略)。

$$VS = 0.2 \times 人口密度 + 0.5 \times 人均 GDP + 0.3 \times 耕地面积占土地面积比例 \tag{5.9}$$

河套灌区大部、中东部偏南及兴安盟大部、呼伦贝尔市偏北及岭东南地区处于脆弱性指数高值区或中值区,这与 GDP 指数高、人口密度大及耕地比例高密切相关;而阿拉善盟及北部牧区脆弱性最低,上述地区基本以牧区为主,地广人稀,经济薄弱,耕地面积比重小,因此其承灾体的脆弱性相对较低。

5.4.4 防灾减灾能力指数

防灾减灾能力主要是分析受灾区在遭受旱灾后的恢复能力,防灾减灾能力值越大,说明承灾体遭受旱灾后恢复能力越强,风险度越小。选取人均 GDP、灌溉面积占耕地面积比例表示干旱防灾减灾能力 VR(式(5.10)),并分别赋予权重 0.4、0.6。利用 GIS 的自然断点分级法,将内蒙古自治区大豆防灾减灾能力指数划分为 4 个等级,得到内蒙古自治区大豆防灾减灾能力分布图(略)。

$$VR = 0.4 \times 人均 GDP + 0.6 \times 灌溉面积占耕地面积比例 \tag{5.10}$$

鄂尔多斯大部、巴彦淖尔市南部、呼和浩特市中部、赤峰市东南部、通辽市偏南、兴安盟零星地区防灾减灾能力最强,这些地区的 GDP 较高,且灌溉条件较优越。虽然中部偏南地区 GDP 也较高,但由于人口较多且无灌溉水系,因此其防灾减灾能力反而较弱;偏北地区基本为牧区,地广人稀,抗灾能力最低。

5.4.5 干旱灾害风险评估模型

由于农业干旱灾害风险是致灾因子、孕灾环境、承灾体和防旱减灾能力相互作用的结果,依据自然灾害风险系统理论,以能综合体现风险程度四要素的风险指数作为风险评估指标,计算公式为

$$ADRI = VH \times w_h + VE \times w_e + VS \times w_s + w_r \times (1 - VR) \tag{5.11}$$

式中:ADRI 为大豆干旱灾害风险指数,其值越大,表示干旱风险程度越大;VH、VE、VS、VR 分别为致灾因子危险性、孕灾环境敏感性、承灾体脆弱性和防旱减灾能力各评价因子指数;w_h、w_e、w_s、w_r 为利用层次分析法得到的各评价因子的权重,分别取 0.7、0.1、0.1 和 0.1,则

$$ADRI = 0.7 \times VH + 0.1 \times VE + 0.1 \times VS + 0.1 \times (1 - VR) \tag{5.12}$$

5.5　大豆干旱灾害风险评估与区划

5.5.1　内蒙古自治区大豆干旱灾害风险区划与分区评述

应用 GIS 对大豆干旱风险区划因子(致灾因子危险性、孕灾环境敏感性、承灾体脆弱性、防灾减灾能力及综合风险指数)进行分析,在此基础上,反复征求专家意见,将大豆干旱灾害风险划分为 4 个等级,分别为低风险区、较低风险区、中风险区和高风险区,制作内蒙古自治区大豆干旱灾害综合风险区划图(图 5.3),并进行分区评述。

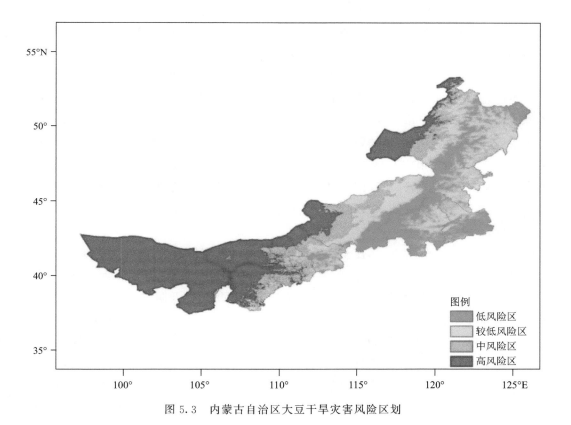

图 5.3　内蒙古自治区大豆干旱灾害风险区划

5.5.1.1 低风险区

本区面积为 20.4 万 km^2，占全区总面积的 20%，风险指数<0.31，包括呼伦贝尔市偏东、兴安盟大部、通辽市偏北及偏南、赤峰市大部以及内蒙古中部偏南大部地区。该区域年降水量大部超过 400 mm，其中赤峰市、通辽市、兴安盟、呼伦贝尔市大部超过 500 mm，乌兰察布市西南零星地区为 300～350 mm；呼伦贝尔市偏东部、兴安盟西部、通辽市北部、赤峰市偏西及锡林郭勒盟偏东南地区、乌兰察布市南部零星地区≥10 ℃活动积温为 1300～1800 ℃·d，通辽市南部、赤峰市东部、乌兰察布市偏南地区≥10 ℃活动积温为 2500～3500 ℃·d，锡林郭勒盟偏南地区、乌兰察布市偏南大部为 2000～2500 ℃·d；兴安盟大部、通辽市南部、赤峰市大部及锡林郭勒盟偏南、乌兰察布南部无霜期日数为 100～140 d，呼伦贝尔市中北部、阿尔山地区不足 80 d。由于自然降水较多，且灌溉水平较高，使其风险大幅度降低；其干旱频率、强度都是全区最小的地区，干旱的发生多为轻旱，对产量的影响较小。本区大部应进一步保持和优化当前灌溉能力，充分利用该区域较好的水资源条件，适当扩大大豆种植面积，使大豆产量高而稳定；本区偏北地区干旱风险虽然较低，但热量条件是大豆生长发育的限制因子，需因地制宜调整大豆种植面积。

5.5.1.2 较低风险区

本区面积为 26.8 万 km^2，占全区总面积的 26%，风险指数为 0.31～0.35，包括呼伦贝尔市岭西部分地区及岭东部分地区、兴安盟东部、通辽市中部、赤峰市东北部以及内蒙古中部偏北部分地区。上述地区年降水量基本为 400～500 mm，内蒙古中部偏北部分地区为 300～400 mm；≥10 ℃活动积温呼伦贝尔市岭西和岭东地区、锡林郭勒盟大部、乌兰察布市北部、包头市、呼和浩特市北部和南部地区为 2000～3000 ℃·d，通辽市中部、赤峰市偏东、呼和浩特市中部为 3000～3500 ℃·d；无霜期日数呼伦贝尔市岭西大部和岭东南地区、兴安盟东部、锡林郭勒盟、乌兰察布市北部、包头市、呼和浩特市北部和南部为 100～140 d，通辽市中部、赤峰市偏东为 140～160 d。本区灌溉能力良好，因此，应重点发展蓄水、保水技术，气象部门应加强对干旱的滚动监测，做到旱时能浇；同时要提高抗旱能力，要充分利用区域水系开展水利设施建设，提高有效灌溉率。

5.5.1.3 中风险区

本区面积为 15.5 万 km^2，占全区总面积的 15%，风险指数为 0.35～0.40，包括呼伦贝尔市岭西大部及岭东南零星地区、兴安盟偏东、中部偏北大部、鄂尔多斯东部、巴彦淖尔市偏东，主要由致灾因子的中危险性、中等孕灾环境敏感性及防灾减灾能力较低引起。年降水量呼伦贝尔市岭东南地区、兴安盟偏东为 350～400 mm，呼伦贝尔市岭西大部地区、锡林郭勒盟北部、乌兰察布市北部、包头市大部、呼和浩特市、鄂尔多斯市大部为 250～350 mm；≥10 ℃活动积温呼伦贝尔市岭西和岭东南地区、锡林郭勒盟中东部、包头市南部、呼和浩特市北部和南部、巴彦淖尔市偏东为 2000～2500 ℃·d，兴安盟偏东、内蒙古中部偏北大部、鄂尔多斯市大部为 2500～3500 ℃·d；无霜期日数呼伦贝尔市岭西大部和岭东南地区、兴安盟东部、锡林郭勒盟、乌兰察布市北部、包头市、呼和浩特市北部和南部、巴彦淖尔市东部零星地区为 100～140 d，呼和浩特市中部、鄂尔多斯市大部为 140～160 d。本区除河套灌区东部外,大部地区基本无灌溉措施,自然降水补给不足,防灾减灾能力较弱,因此该区应重点兴修水利设施,完善灌溉措施,同时在干旱危害较重的大豆集中产区,应统筹规划营造防护林,实现农田林网化,建好农田防护林网,改善农田小气候。

5.5.1.4   高风险区

本区面积为 41.1 万 km²,占全区总面积的 39%,风险指数≥0.40,包括呼伦贝尔市偏西、中部偏北零星地区、鄂尔多斯市偏西、巴彦淖尔市大部、阿拉善盟,大豆干旱灾害风险最高,主要由致灾因子的高危险性、孕灾环境的高敏感性引起。上述地区年降水量为 50~250 mm,其中阿拉善盟大部不足 100 mm;≥10 ℃活动积温大部地区超过 3500 ℃·d,阿拉善盟北部超过 4000 ℃·d;无霜期日数大部地区超过 140 d,阿拉善盟大部、巴彦淖尔市西北部和南部超过 160 d。本区降水偏少,空气干燥,气候炎热,灌溉条件较差,而蒸散较强,干旱发生频率高、强度大;建议适当扩大人工种植牧草面积,减少地面蒸发,抑制土壤的盐碱化。

5.5.2   内蒙古自治区大豆干旱风险区划可靠性分析

采用各旗(县)历史灾情数据及产量数据对干旱风险区划结果进行验证,其中灾情数据用内蒙古自治区灾情直报数据库中各旗(县)历年受旱面积平均值占国土面积比例(图5.4a),产量数据用各旗(县)历年大豆减产率的平均值(图5.4b),与区划结果进行对比验证。结果表明,受旱面积比及平均减产率较低的地区与干旱低风险区基本一致,主要集中在东部大部地区,该区域是大豆的主产区;受旱面积比及平均减产率较高的地区主要分布在呼伦贝尔市偏西、锡林郭勒盟偏南、乌兰察布市中部、鄂尔多斯市偏西地区,与高风险区划结果基本一致。但巴彦淖尔市的风险程度与实际发生情况并不一致,区划结果偏重,这可能是由于该区域虽然生长季降水较少,干旱发生的危险性较高,但由于地处河套灌区,具有较完备的灌溉条件,干旱的防灾减灾能力较强,因此该地区干旱实际发生程度较轻、面积较小。以上两种验证结果和建立的大豆干旱风险指标、模型及区划所得到的结论虽局地存在差异,但整体上比较合理,与实际发生情况吻合,区划结果较为准确。

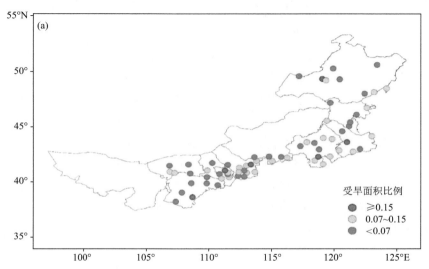

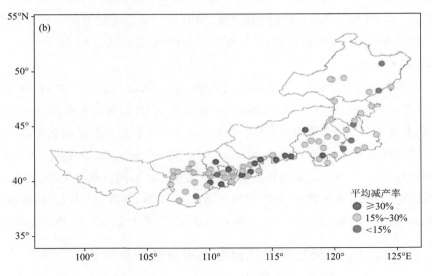

图 5.4 内蒙古自治区大豆干旱灾害风险区划验证

(a)受旱面积比例;(b)平均减产率

5.5.3 大豆主产区干旱风险区划与分区评述

利用全区大豆干旱灾害风险评估指数,在 ArcGIS 平台中利用自然断点分级法,将大豆主产区 6 个盟(市)、22 个旗(县)的干旱灾害风险评估指数重新划分为 4 个等级,分别为低风险区、较低风险区、中风险区和高风险区,并制作 6 个盟(市)、22 个旗(县)的大豆干旱灾害综合风险区划图,进行分区评述。由于篇幅所限,以呼伦贝尔市和兴安盟及所属旗(县)作为案例进行盟(市)、旗(县)大豆干旱风险区划图制作及分区评述。

5.5.3.1 呼伦贝尔市大豆干旱风险区划(图 5.5)与分区评述

(1)低风险区。本区面积为 14.3 万 km²,占全市总面积的 56%,风险指数<0.515,主要集中在呼伦贝尔市中部。该区域年降水量大部超过 400 mm,≥10 ℃活动积温为 1000~2000 ℃·d,无霜期日数为 40~100 d,其中呼伦贝尔市中部偏北≥10 ℃活动积温不足 1000 ℃·d,无霜期日数不足 40 d。自然降水较多,使其风险大幅度降低,干旱频率、强度都是全市最小,干旱的发生多为轻旱,对产量的影响较小。但本区偏北地区干旱风险较低,热量条件是大豆生长发育的限制因子,需因地制宜调整大豆种植面积。

(2)较低风险区。本区面积为 4.2 万 km²,占全市总面积的 17%,风险指数为 0.515~0.535,主要分布在呼伦贝尔市岭西部分地区及岭东部分地区。上述地区年降水量基本为 300~400 mm,≥10 ℃活动积温为 1500~2500 ℃·d,无霜期日数为 80~140 d。本区主要位于大兴安岭两麓,岭西部分地区为农牧结合经济带,岭东是松嫩平原西缘地带,为农业经济区,上述地区气候适宜,土质肥沃,应利用较好的气候条件,进一步保持和优化当前大豆种植产业。

(3)中风险区。本区面积为 1.74 万 km²,占全市总面积的 7%,风险指数为 0.535~

...

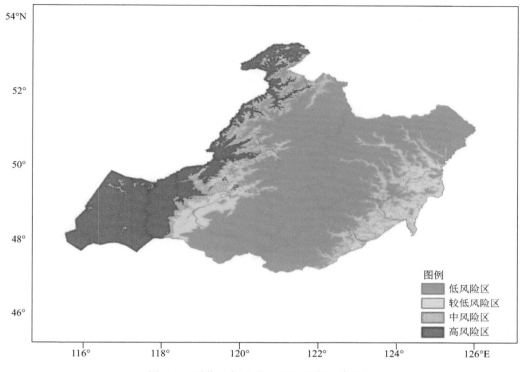

图 5.5　呼伦贝尔市大豆干旱灾害风险区划

0.55,包括呼伦贝尔市岭西偏西及岭东南零星地区。该区域年降水量基本为 300～350 mm,≥10 ℃活动积温为 2000～3000 ℃·d,无霜期日数为 100～140 d。本区要根据大豆需水特点、土壤水分供应特征和降水实况及天气预报,加强农田管理,以免干旱给农业生产带来严重影响。

　　(4)高风险区。本区面积为 4.93 万 km²,占全市总面积的 20%,风险指数≥0.55,主要分布在呼伦贝尔市岭西草原区,大豆干旱灾害风险最高。上述地区年降水量为 250～300 mm,≥10 ℃活动积温大部地区为 2000～3000 ℃·d,无霜期日数为 100～140 d。本区主要位于岭西草原畜牧业经济区,地广人稀,蒸散相对较强,农田小面积分布,除采取必要的保墒措施外,应加强农田的水利基础设施建设,改善灌溉条件,提高该区防御干旱的能力;同时要加强引导农牧民走持续发展生产的道路,适当扩大人工种植牧草面积,减少地面蒸发,抑制土壤的盐碱化。

5.5.3.2　呼伦贝尔市重点旗(县)大豆干旱风险区划与分区评述

　　(1)莫力达瓦达斡尔族自治旗大豆干旱风险区划(图 5.6)与分区评述

　　①低风险区。本区面积为 0.09 万 km²,占全旗总面积的 9%,主要分布在莫力达瓦达斡尔族自治旗西北部及偏西、偏南零星地区。该区域年降水量超过 400 mm,大豆干旱风险全市最小的,对产量的影响较小。境内山多林茂,非大豆大面积种植区域,农田零星分布,且热量条件略有不足,本区要因地制宜地优化农业生产结构,适当调整大豆种植面积。

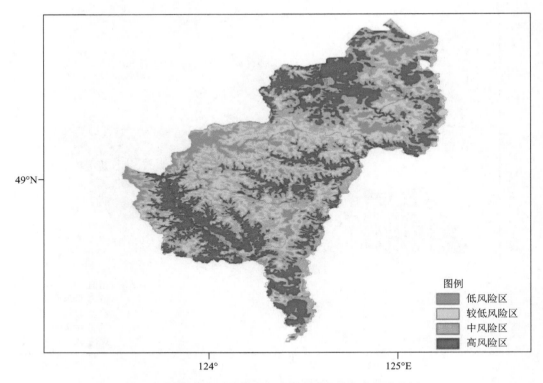

图 5.6 莫力达瓦达斡尔族自治旗大豆干旱灾害风险区划

②较低风险区。本区面积为 0.24 万 km²,占全旗总面积的 23%,主要分布在莫力达瓦达斡尔族自治旗中部零星地区。该区域降水较多,热量资源较低风险区略高,气候适宜,应积极利用较好的气候条件进一步保持和优化当前农业生产能力,同时实行各项综合农业技术措施,防御干旱危害。

③中风险区。本区面积为 0.38 万 km²,占全旗总面积的 37%,包括莫力达瓦达斡尔族自治旗中部偏南大部地区。该区域水热同期,土壤肥沃,是内蒙古自治区商品粮基地,农业生产发达,大豆为主要农作物之一。本区防御干旱应重点加强田间管理,实行各项综合农业技术措施,调节大豆株体活力,达到以壮抗灾的目的。

④高风险区。本区面积为 0.32 万 km²,占全旗总面积的 31%,主要分布在莫力达瓦达斡尔族自治旗东部大部及西部偏南地区,大豆干旱灾害风险最高。上述地区得益于农业技术推广和良好的种植管理,农业基础扎实,生产力水平较高,但大豆种植规模相对较大,脆弱性指数较高。本区要引进抗旱的优良品种,积极推广和应用滴灌、喷灌等先进的农业节水新技术;同时适当开展退耕还林工程建设,提高总体农业效益。

(2)鄂伦春自治旗大豆干旱风险区划(图 5.7)与分区评述

①低风险区。本区面积为 0.53 万 km²,占全旗总面积的 10%,主要分布在鄂伦春自治旗偏西及偏北地区。该区域自然降水补给充足,使其风险大幅度降低,其干旱频率、强度都是全市最小的,干旱的发生多为轻旱,对产量的影响较小。境内多林场,耕地面积

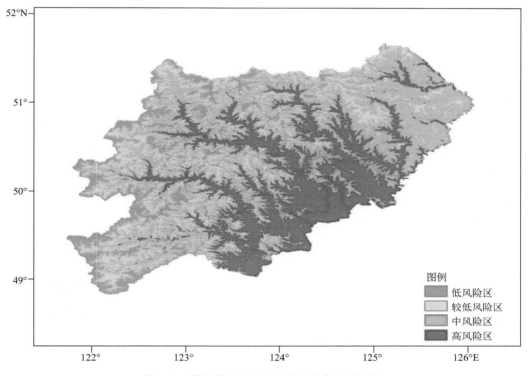

图 5.7 鄂伦春自治旗大豆干旱灾害风险区划

小,大豆种植规模较小,且热量条件略有不足,本区要因地制宜地优化农林业生产结构,适当调整大豆种植面积。

②较低风险区。本区面积为 1.36 万 km²,占全旗总面积的 25%,主要分布在鄂伦春自治旗北部零星地区。该区域降水较多,热量资源较低风险区略高,气候适宜,应积极利用较好的气候条件进一步保持和优化当前农业生产能力,同时实行各项综合农业技术措施,防御干旱危害。

③中风险区。本区面积为 2.13 万 km²,占全旗总面积的 39%,包括鄂伦春自治旗中部偏北大部地区。该区域水热同期,土质肥沃,是内蒙古自治区重点粮食生产基地,大豆为主要农作物之一。本区应加强水利设施建设,同时在干旱危害较重的大豆集中产区应统筹规划营造防护林,改善农田小气候。

④高风险区。本区面积为 1.4 万 km²,占全旗总面积的 26%,主要分布在鄂伦春自治旗中南部,大豆干旱灾害风险最高。上述地区水热适宜,同时得益于农业技术推广和良好的种植管理,农业基础扎实,生产力水平较高,但耕地面积较大,承灾脆弱性高。本区宜引进抗旱的优良品种,积极推广和应用滴灌、喷灌等先进的农业节水新技术;同时适当开展退耕还林工程建设,提高总体农业效益。

(3)阿荣旗大豆干旱风险区划(图 5.8)与分区评述

①低风险区。本区面积为 0.11 万 km²,占全旗总面积的 10%,主要分布在阿荣旗北

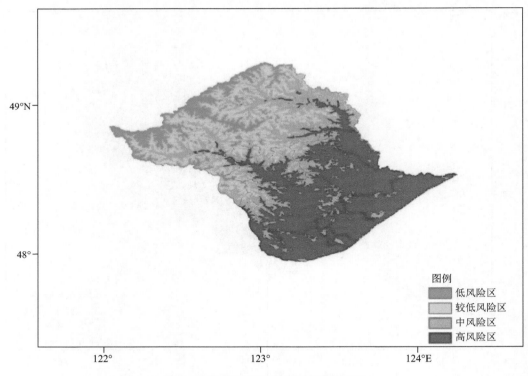

图 5.8　阿荣旗大豆干旱灾害风险区划

部。该区域自然降水较多,使其风险大幅度降低,其干旱频率、强度都是全市最小,干旱的发生多为轻旱,对产量的影响较小。但热量条件略有不足,本区要因地制宜地优化农业生产结构,适当调整大豆种植面积。

②较低风险区。本区面积为 0.24 万 km²,占全旗总面积的 22%,主要分布在阿荣旗中部偏北零星地区。该区域自然降水充足,热量资源较低风险区略高,气候适宜,应积极利用较好的气候条件,同时推广节水灌溉农业,进一步保持和优化当前大豆种植产业。

③中风险区。本区面积为 0.29 万 km²,占全旗总面积的 26%,包括阿荣旗中部偏北大部地区。该区域水热同期,土质肥沃,是内蒙古自治区重要商品粮基地,大豆为主要农作物之一。本区应加强水利设施建设,做到旱能灌、涝能排,同时在干旱危害较重的大豆集中产区,应统筹规划营造防护林,实现农田林网化,建好农田防护林网,改善农田小气候。

④高风险区。本区面积为 0.47 万 km²,占全旗总面积的 42%,主要分布在阿荣旗中南部,大豆干旱灾害风险最高。上述地区水热适宜,耕地集中连片,大豆种植规模较大,因而脆弱性指数较高。本区要加强农业抗旱措施研究,选育抗旱品种,研究节水灌溉技术;适当开展退耕还林还草工程建设,提高总体农业效益。

(4)扎兰屯市大豆干旱风险区划(图 5.9)与分区评述

①低风险区。本区面积为 0.17 万 km²,占全市总面积的 10%,主要分布在扎兰屯市

西部大部地区。该区域年降水量超过 400 mm,大豆干旱致灾因子危险性是全市最小的,干旱风险亦最低。上述地区属于大兴安岭东部林牧业区,温凉湿润,非大豆大面积种植区域,农田零星分布,热量资源稍欠,本区要因地制宜地优化农林牧生产结构,适当调整大豆种植面积。

②较低风险区。本区面积为 0.44 万 km²,占全市总面积的 26%,主要分布在扎兰屯市中部偏西零星地区。该区域雨量充沛,热量资源够用,气候适宜,为农业发展提供了良好条件。该区应进一步保持和优化当前农业生产能力,实行各项综合农业技术措施,防御干旱危害。

③中风险区。本区面积为 0.53 万 km²,占全市总面积的 32%,包括扎兰屯市中部偏西大部地区。该区域降水充足,光热条件良好,土壤保水保肥能力较好,是内蒙古自治区重要的商品粮基地,农业生产管理精良,大豆为主要农作物之一,城镇化规模相对较大,脆弱性、敏感性指数均较高。本区防御干旱应重点加强田间管理,改善农田小气候,同时选育和推广抗旱的大豆高产优良品种。

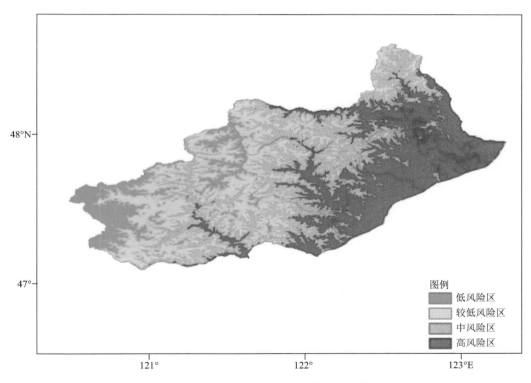

图 5.9　扎兰屯市大豆干旱灾害风险区划

④高风险区。本区面积为 0.53 万 km²,占全市总面积的 32%,主要分布在扎兰屯市东部大部及西部偏南地区,雨量相对较少,大豆干旱灾害风险最高。本区应积极推广蓄水保墒技术,发展节水灌溉农业,同时引进抗旱优良品种,引导农牧民走持续发展生产的道路。

5.5.3.3 兴安盟大豆干旱风险区划(图5.10)与分区评述

(1)低风险区。本区面积为 1.42 万 km²,占全盟总面积的 25%,风险指数<0.445,主要集中在兴安盟偏西地区。该区域年降水量大部超过 400 mm,≥10 ℃活动积温为1000~2000 ℃·d,无霜期日数为 40~100 d。该区降水充沛,虽然干旱时有发生,但其频率、强度都是全市最小,对产量的影响较小,干旱风险亦为全市最低。但热量条件是大豆生长发育的限制因子,需因地制宜地优化农业生产结构,适当调整大豆种植面积。

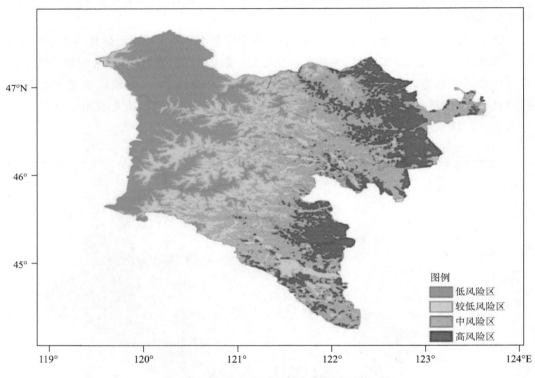

图 5.10　兴安盟大豆干旱灾害风险区划

(2)较低风险区。本区面积为 1.30 万 km²,占全盟总面积的 24%,风险指数为0.445~0.48,主要分布在兴安盟中部零星地区。上述地区年降水量基本都超过 400 mm,≥10 ℃活动积温为 1500~2500 ℃·d,无霜期日数为 80~120 d。本区主要位于大兴安岭中段东坡与松辽平原接壤地带,为农牧结合经济区,水热同期,土质肥沃,土壤保水保肥能力较好,应积极利用较好的自然条件发展蓄水、保水技术,做到旱时能浇。

(3)中风险区。本区面积为 1.86 万 km²,占全盟总面积的 34%,风险指数为 0.48~0.515,包括兴安盟中部大部地区。该区域年降水量基本超过 400 mm,≥10 ℃活动积温为 2000~2500 ℃·d,无霜期日数为 100~140 d。本区大部均地区自然降水补给充足,热量充沛,由于大豆是本区主要粮食作物之一,如果发生中等程度的干旱灾害,对大豆产量将造成严重不利影响,对全市粮食总产也有一定程度的影响,故提高农业生产水平、改善灌溉条件、提高有效灌溉率是降低本地区干旱风险、保证大豆稳产高产的主要措施。

（4）高风险区。本区面积为 0.92 万 km²，占全盟总面积的 17%，风险指数≥0.515，主要分布在兴安盟偏东一带，地处大兴安岭南麓余脉向松嫩平原的过渡地带、科尔沁草原边缘，大豆干旱灾害风险最高。上述地区年降水量超过 400 mm，≥10 ℃活动积温大部地区为 2500～3500 ℃·d，无霜期日数为 120～160 d。境内农牧产业发达，河网密布，沿河两岸流域面积内均属土质较好的粮食产地，由于该区是大豆主产区之一，如果发生严重干旱灾害，对大豆产量将造成明显的影响，对全市粮食总产也有一定程度的影响；该区要大力推广蓄水保墒技术，发展旱地农业，同时要进一步改善灌溉条件，扩大水浇面积，做好大豆干旱的防御工作。

5.5.3.4　兴安盟重点旗（县）大豆干旱风险区划与分区评述

（1）扎赉特旗大豆干旱风险区划（图 5.11）与分区评述

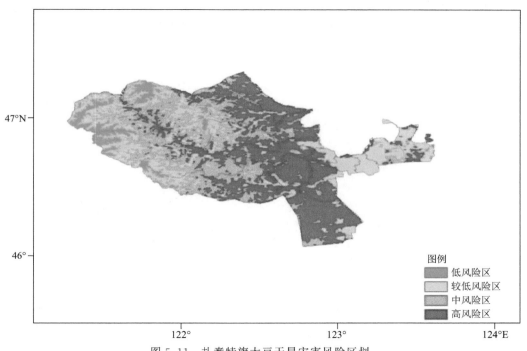

图 5.11　扎赉特旗大豆干旱灾害风险区划

①低风险区。本区面积为 0.065 万 km²，占全旗总面积的 6%，主要分布在扎赉特旗西部零星地区。该区域年降水量超过 400 mm，≥10 ℃活动积温大部不足 2000 ℃·d，大豆干旱致灾因子危险性全市最小，干旱风险亦最低。上述地区位于低山区，林木繁茂，气候温凉湿润，大豆零星播种，热量资源略有不足。本区要因地制宜地调整大豆种植面积，热量条件不足地区适当开展退耕还林工程建设。

②较低风险区。本区面积为 0.25 万 km²，占全旗总面积的 23%，主要分布在扎赉特旗西部大部及东部好力保乡、努文木仁乡。上述地区雨量充沛，≥10 ℃活动积温为 2500～3000 ℃·d，热量资源较充足，气候条件适宜农业发展。因此，该区应进一步保持和优化农业生产力，适当扩大大豆种植面积。

③中风险区。本区面积为 0.36 km²,占全旗总面积的 32%,包括扎赉特旗中部偏西大部地区。该区域地处浅山丘陵区,降水充足,光热条件良好,且境内水系较多,抗灾能力较强,农业生产管理精良,是国家商品粮生产基地和内蒙古自治区产粮大旗,有"塞外粮仓"之称,大豆为主要农作物之一。该区域还应充分利用区域水域、河流开展水利设施建设,提高灌溉能力。

④高风险区。本区面积为 0.43 万 km²,占全旗总面积的 39%,主要分布在扎赉特旗东部大部地区。上述大部地区位于松嫩平原过渡带,农业资源丰富,境内耕地集中连片,人口密度、GDP 较高,脆弱性指数高;东部偏南地区分布多个牧场,地广人稀,蒸散较强,大豆干旱灾害风险最高。本区应利用良好的农业生产条件,积极发展灌溉农业,无条件灌溉的旱地应采取一系列保墒措施,提高自然水分利用率,同时东部偏南地区应适当减少大豆种植面积。

(2)科尔沁右翼前旗大豆干旱风险区划(图 5.12)与分区评述

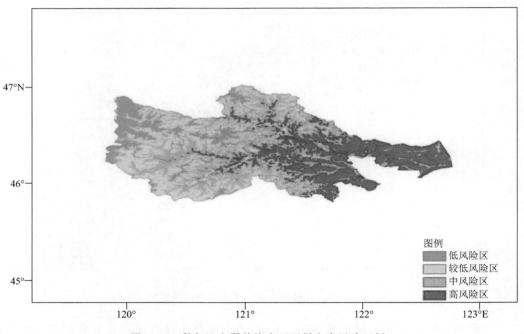

图 5.12　科尔沁右翼前旗大豆干旱灾害风险区划

①低风险区。本区面积为 0.196 万 km²,占全旗总面积的 12%,主要分布在科尔沁右翼前旗西部零星地区。该区域年降水量超过 400 mm,≥10 ℃ 活动积温大部不足 2000 ℃·d,大豆干旱致灾因子危险性全市最小,干旱风险亦最低。上述地区位于大兴安岭中段东坡,境内多山地,温凉湿润,非大豆大面积种植区域,农田零星分布,热量资源稍欠,本区要因地制宜地优化农牧生产结构,适当调整大豆种植面积。

②较低风险区。本区面积为 0.51 万 km²,占全旗总面积的 30%,主要分布在科尔沁右翼前旗西部大部地区。该区域雨量充沛,≥10 ℃ 活动积温为 2000~2500 ℃·d,热量

资源略高于低风险区,较适宜农业发展。该区应进一步优化当前农业生产能力,同时实行各项综合农业技术措施,防御干旱危害。

③中风险区。本区面积为 0.53 万 km²,占全旗总面积的 32%,包括科尔沁右翼前旗中部偏西大部地区。该区域降水充足,光热条件良好,且境内河流密布,抗灾能力较强,土壤保水保肥能力较好,农业生产管理精良,人口密度、人均 GDP 较高,因而脆弱性指数较高。该区域可通过植树造林、建造防护林带的方式来改善农田小气候,防御干旱危害。

④高风险区。本区面积为 0.44 万 km²,占全旗总面积的 26%,主要分布在科尔沁右翼前旗东部。上述地区降水量超过 400 mm,且境内水资源丰富,灌溉便利,境内耕地面积较大,农业产业化、城镇化进度较快,因而其脆弱性指数高,大豆干旱灾害风险最高。本区要注意选用抗旱品种,在提高单产的同时,要具有一定的抗旱能力;同时利用该区域农民素质较高的优势,注意农业抗旱新技术的推广应用。

(3)突泉县大豆干旱风险区划(图 5.13)与分区评述

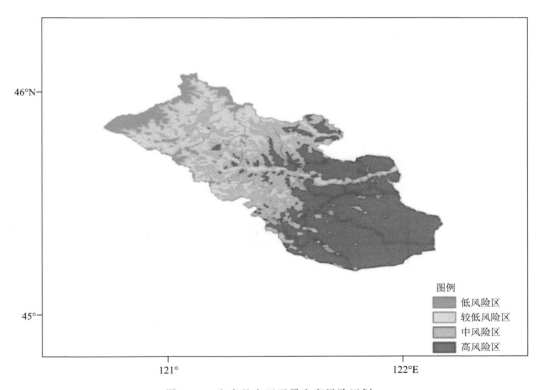

图 5.13　突泉县大豆干旱灾害风险区划

①低风险区。本区面积为 0.034 万 km²,占全县总面积的 7%,主要分布在突泉西部零星地区。该区域年降水量超过 400 mm,≥10 ℃活动积温大部不足 2000 ℃·d,大豆干旱致灾因子危险性全市最小,干旱风险亦最低。上述地区位于大兴安岭山地,林木繁茂,气候温凉湿润,大豆零星播种,热量资源略有不足,本区要因地制宜地调整大豆种植面积,热量条件不足地区适当开展退耕还林工程建设。

②较低风险区。本区面积为 0.10 万 km²,占全县总面积的 21%,主要分布在突泉西部。该区域雨量充沛,≥10 ℃活动积温为 2000～2500 ℃·d,热量资源略高于低风险区,气候条件较适宜农业发展,且该区域为国家商品粮生产基地,发展高油大豆产区,因此该区应进一步提高农业生产水平,提高有效灌溉率。

③中风险区。本区面积为 0.12 万 km²,占全县总面积的 26%,包括突泉中部偏西大部地区。该区域地处浅山丘陵区,降水充足,光热条件良好,且境内水系较多,抗灾能力较强,土壤保水保肥能力较好,农业生产管理精良,是东北地区重要的杂粮杂豆生产基地,大豆为主要农作物之一。该区域还应充分利用区域水域、河流开展水利设施建设,提高灌溉能力。

④高风险区。本区面积为 0.22 万 km²,占全县总面积的 46%,主要分布在突泉县东部。上述大部地区位于松嫩平原过渡带,境内耕地集中连片,人口密度、GDP 较高,因而其脆弱性指数较高,而南部属于科尔沁草原区,地广人稀,蒸散较强,大豆干旱灾害风险最高。本区应重点发展节水灌溉如喷、滴灌措施等,无法灌溉的旱地应采取一系列保墒措施,提高自然水分利用率;对南部草原一带则应减少大豆种植面积。

(4)科尔沁右翼中旗大豆干旱风险区划(图 5.14)与分区评述

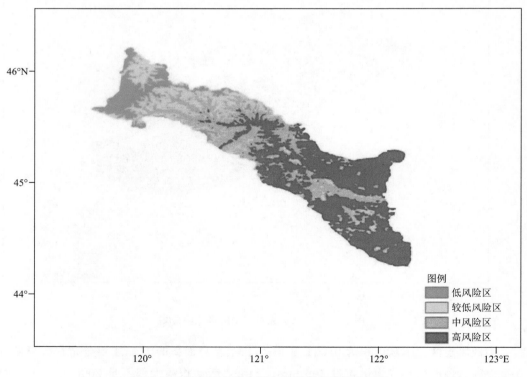

图 5.14　科尔沁右翼中旗大豆干旱灾害风险区划

①低风险区。本区面积为 0.13 万 km²,占全旗总面积的 10%,主要分布在科尔沁右翼中旗西部零星地区。该区域年降水量超过 400 mm,≥10 ℃活动积温大部不足 2000 ℃·d,

大豆干旱致灾因子危险性全市最小,干旱风险亦最低。上述地区位于大兴安岭中段山地,气候温凉湿润,大豆零星播种,热量资源略有不足,本区要因地制宜地优化农牧生产结构,适当调整大豆种植面积。

②较低风险区。本区面积为 0.23 万 km²,占全旗总面积的 18%,主要分布在科尔沁右翼中旗西部偏东地区。该区域雨量充沛,≥10 ℃活动积温为 2000~2500 ℃·d,热量资源略高于低风险区,气候条件宜农宜牧。该区域以畜牧业为主、种植业和饲养业并举,该区应进一步优化当前农牧业生产能力,同时实行各项综合农业技术措施,防御干旱危害。

③中风险区。本区面积为 0.33 万 km²,占全旗总面积的 26%,包括科尔沁右翼中旗中部偏西大部地区。该区域位于霍林河沿岸的平原区,降水充足,光热条件良好,且境内水系较多,抗灾能力较强,土壤保水保肥能力较好,大豆为主要农作物之一;农业生产管理精良,人口密度、人均 GDP 较高,因而脆弱性指数较高。该区域应利用良好的水系条件,积极发展灌溉农业。

④高风险区。本区面积为 0.58 万 km²,占全旗总面积的 46%,主要分布在科尔沁右翼中旗东部地区。上述地区降水量超过 400 mm,且境内水资源丰富,灌溉便利,境内耕地集中连片,人口密度、GDP 较高,脆弱性指数高,大豆干旱灾害风险最高。所以上述地区应利用较高的防灾抗灾能力,加强水利设施建设,同时选育和推广抗旱的大豆高产优良品种,减轻干旱的危害。

第6章 气候变化对大豆种植面积和种植边界的影响

　　气候变化是21世纪全球面临的重大问题,引起了国际社会的广泛关注(勒雅霍夫等,1957;张家诚 等,1974;叶笃正,1986)。农业是对气候变化影响最敏感的行业,气候变化对作物产量、种植制度、生产结构和区域布局都产生较大影响。随着全球变暖,热量资源呈增加趋势,使农作物生长期明显延长,有利于种植生育期更长的农作物品种,但盲目种植生育期更长的作物品种无疑增加了农业生产的风险(章基嘉 等,1993;张厚瑄 等,1994;刘志娟 等,2009;唐红艳 等,2009b;何永坤 等,2011;杨晓光 等,2011;赵俊芳 等,2015)。随着气候变暖,大兴安岭东南麓大豆种植北扩西移,种植边界向更高纬度、更高海拔移动,灾害风险加大。尤其在农业供给侧结构性改革推动下,内蒙古自治区东北部高纬度地区"减玉米扩大豆"政策带动下,近几年大豆种植面积快速回升。2018年鄂伦春自治旗大豆种植面积达到26.2万 hm²,是1990年1.8万 hm²的15倍左右,莫力达瓦达斡尔族自治旗大豆种植面积达到35.4万 hm²,是1990年5.9万 hm²的6倍。农民为了追求高产,常常选择生育期更长的品种,越区种植现象普遍。越区种植后常因热量条件的限制和霜冻等气象灾害的影响,大豆不能正常成熟,产量和质量都受到影响,直接影响当地农村经济效益的提高和农民收入的增加。2018年呼伦贝尔市遭受了严重的秋季霜冻灾害,大豆受灾非常严重。受霜冻灾害影响,鄂伦春自治旗、莫力达瓦达斡尔族自治旗、阿荣旗大豆受灾面积占总播面积的70%,其中鄂伦春自治旗大豆减产4~5成,莫力达瓦达斡尔族自治旗大豆减产2~3成。在调查走访时发现,大部分受灾地区存在大豆越区种植现象,因霜冻灾害未能正常成熟,经济损失巨大,不利于巩固脱贫攻坚成果。

　　开展气候资源与农业生产要素及布局的关系研究,明确气候变化背景下农业生产要素及布局变化趋势,是科学合理利用气候资源、农业适应气候变化的必然需求(李正国等,2011;姜丽霞 等,2011;杨晓强 等,2013)。针对内蒙古自治区大兴安岭东南麓气候变化背景下大豆种植边界北扩西移、越区种植、灾害风险增加的现状,通过开展气候变化与农业生产要素及布局的关系研究,阐明区域气候变化规律,揭示气候变化背景下大豆发育期、潜在种植布局、安全种植边界变化特征,提出气候变化背景下内蒙古自治区大豆种植布局优化方案和适应措施。对于科学合理布局大豆生产、保障国家粮食安全、农业防灾减灾以及农业适应气候变化都具有重要的理论与现实意义,同时助力国家大豆振兴计划,实现大豆稳产增收。

6.1　资料来源

　　大兴安岭东南麓 38 个气象观测站数据,包括 1961—2020 年逐日气温(包括平均、最高、最低气温)、降水、日照时数等气象观测资料,来源于内蒙古自治区气象数据中心;1987—2020 年大豆农业气象观测数据,来源于扎兰屯市气象局;1961—2020 年内蒙古自治区各旗(县)大豆社会产量及种植面积等统计资料,来源于内蒙古自治区统计局;农业部门 2009—2018 年大豆品种区域试验和生产试验数据,来源于内蒙古自治区古农牧厅;地理信息资料包括经度、纬度、海拔等基础信息栅格数据,来源于 SRTM(Shuttle Radar Topography Mission)航天飞机雷达地形测绘数据,分辨率 75 m。

6.2　研究方法

　　所有气温的统计采用平均值,降水量、日照时数的统计采用累计值,稳定≥10 ℃初、终日采用 5 d 滑动平均方法,稳定≥10 ℃活动积温是初、终日间活动温度的累计。

　　大豆全生育期划分为播种—出苗、出苗—分枝、分枝—开花、开花—鼓粒、鼓粒—成熟 5 个发育阶段。

　　采用趋势分析、相关分析、回归分析、重现期等方法,并补充分期播种试验方法,运用 SPSS 软件分析区域气候变化规律、大豆发育期、潜在种植布局、安全种植边界等对气候变化的响应特征。

6.2.1　年代划分

　　分别以 10 a 和 30 a 为年代划分标准,划分为 1961—1970、1971—1980、1981—1990、1991—2000、2001—2010、2011—2000 年 和 1961—1990、1971—2000、1981—2010、1991—2020 年。

6.2.2　一元线性回归

　　气候要素、大豆发育期等均采用一元线性回归方法计算变化率。

　　x_i 表示样本量为 n 的某一气候变量,用 t_i 表示 x_i 所对应的时间,建立 x_i 与 t_i 之间的一元线性回归方程:

$$\hat{x_i} = a + b t_i \tag{6.1}$$

式中:$\hat{x_i}$ 为基于 x_i 与 t_i 之间一元线性关系模拟出的气候变量值;a 为回归常数;b 为回归系数。a 和 b 可用最小二乘法进行估计。计算公式为

$$\begin{cases} a = \bar{x} - b\bar{t} \\ b = \dfrac{\sum\limits_{i=1}^{n} x_i t_i - \dfrac{1}{n}\left(\sum\limits_{i=1}^{n} x_i\right)\left(\sum\limits_{i=1}^{n} t_i\right)}{\sum\limits_{i=1}^{n} t_i^2 - \dfrac{1}{n}\left(\sum\limits_{i=1}^{n} t_i\right)^2} \end{cases} \tag{6.2}$$

其中

$$\bar{x} = \frac{1}{n}\sum_{i=1}^{n} x_i, \quad \bar{t} = \frac{1}{n}\sum_{i=1}^{n} t_i$$

以 $b \times 10$ 表示每 10 年气候要素变化多少，称为气候要素的气候倾向率。当 $b>0$ 时，说明随时间 t 的增加 x 呈上升趋势；当 $b<0$ 时，说明随时间 t 的增加 x 呈下降趋势。采用 F 检验法对拟合的回归方程进行显著性检验。

6.2.3 相关分析

采用相关分析方法筛选影响大豆发育期和产量的关键气象因子，开展大豆发育期和产量与气象因子的关系研究。运用 SPSS 软件分析大豆发育期和产量与气象因子的相关关系。

$$r_{xy} = \frac{\sum\limits_{i=1}^{n}(x_i - \bar{x})(y_i - \bar{y})}{\sqrt{\sum\limits_{i=1}^{n}(x_i - \bar{x})^2 \sum\limits_{i=1}^{n}(y_i - \bar{y})^2}} \tag{6.3}$$

式中：r_{xy} 为单相关系数；x_i 为气象因子；$\bar{x}$ 为气象因子的多年平均值；y_i 为进行相关分析的大豆发育期或者产量；$\bar{y}$ 为大豆发育期或者产量多年平均值；n 为样本数，计算出相关系数后采用式(6.4)进行 t 检验。

$$t = \frac{\sqrt{n-2} \cdot r}{\sqrt{1-r^2}} \tag{6.4}$$

式中：t 为查算表中值，不同信度的 t 值不同；r 为临界相关系数；n 为样本数。在样本数 n 和不同信度 t 值一定的情况下，通过式(6.4)计算出不同信度的临界相关系数 r 值，再将计算出的单相关系数 r_{xy} 与 r 值进行比较，筛选信度值比较高的因子进行分析。

6.2.4 重现期分析

频率是指某一数值随机变量出现的次数与全部系列随机变量总数的比值，用符号 P 表示，以百分比(%)作单位。频率是随机变量出现的机会，例如 $P=1\%$，表示平均每 100 年会出现一次；$P=5\%$，表示平均每 100 年会出现 5 次，或平均每 20 年会出现一次。

重现期是随机变量出现频率的另一种表达方式，即通常所讲的"多少年一遇"。所谓重现期为百年一遇，是指在很长的时间内，平均每逢一百年会出现一次，而不是说刚好在一百年出现一次，事实上在一百年内可能遇到好几次，也可能一次也遇不到。气象要素重现期是指大于或等于某一阈值出现一次的平均间隔时间，为该气象要素发生频率的倒数，也就是俗称的 n 年一遇。虽然气象要素的极端值发生概率小、重现期长，可一旦出现，可造成毁灭性灾害。重现期的计算方法一般以现有观测数据为基础，使用数理统计方法,用某种分布方式来拟合历史观测数据,然后计算某一要素值出现的概率,当它出现概率为 1‰ 年出现一次时,即为百年一遇,其他 n 年一遇标准依此类推。

≥10 ℃ 活动积温 80% 保证率的计算方法采用重现期方法计算所得,重现期计算方法重点介绍以下两种,本节采用耿贝尔分布方法。

6.2.4.1　皮尔逊Ⅲ型分布

皮尔逊Ⅲ型分布的密度函数为

$$y = f(x) = \frac{\beta^\alpha}{\Gamma(\alpha)}(x - a_0)^{\alpha-1}\mathrm{e}^{-\beta(1-a_0)} \tag{6.5}$$

式中:α、β、a_0 经适当换算,可以用 3 个统计参数 $\bar{x}$、C_v、C_s 表示:

$$\alpha = \frac{4}{C_s^2}, \beta = \frac{2}{x \times C_v \times \overline{C_s}}, a_0 = \bar{x} \times (1 - \frac{C_v}{C_s}), C_v = \frac{R}{\bar{x}}, C_s = \frac{T \times (n-1) \times (n-2)}{n^2}$$

式中:$\bar{x}$ 为所求气象要素序列的平均值;R 为序列的标准偏差;T 为序列的不对称度;n 为序列样本数。

通过概率分析,可求出相应于指定频率(P%)的数值 x_p,其运算公式为

$$P = P(x \geqslant x_0) = \frac{\beta^\alpha}{\Gamma(\alpha)}\int_{x_p}^{\infty}(x - a_0)^{\alpha-1}\mathrm{e}^{-\beta(1-a_0)}\mathrm{d}x \tag{6.6}$$

计算得出各出现概率 1%、2%、5% 的值即为百年一遇、50 年一遇、20 年一遇重现期的阈值。

6.2.4.2　耿贝尔分布

耿贝尔分布又称第一型极值分布,其概率函数为

$$P(x) = P(X \geqslant x) = 1 - \mathrm{e}^{-\mathrm{e}^{-a(x-b)}} \tag{6.7}$$

式中:a 为尺度参数;b 为分布密度的众数。a 的计算公式为

$$a = \overline{X} - 0.5772 \times \frac{\sqrt{6}}{\pi}S_x$$

式中:S_x 为标准差;$\overline{X}$ 为平均值。

6.2.5　大豆品种熟性及种植区划分

每一个大豆品种都具有自身的生长发育特性,大豆早、中、晚熟品种表示大豆品种的生育期长短和所需热量的多少。在其他环境条件相同的前提下,大豆晚熟品种所需热量比中熟品种要多,产量也高于中熟品种,同样的道理,大豆中熟品种所需热量比早熟品种要多,产量也高于早熟品种。做好大豆早、中、晚不同熟期品种的科学合理搭配,对于提高大豆产量具有重要意义。收集近 10 年研究区域内种植的大豆品种,分析大豆品种所需的理论积温、无霜期等数据,根据大豆品种所需热量条件,将稳定 ≥10 ℃ 活动积温大于 1900 ℃·d 的地区作为内蒙古自治区大豆的可种植区域,稳定 ≥10 ℃ 活动积温 1900~2300 ℃·d、2300~2600 ℃·d、2600~2900 ℃·d 分别划分为早熟品种、中熟品种和晚熟品种,相应的种植区划分为早熟种植区、中熟种植区和晚熟种植区。

6.2.6　确定大豆潜在种植区边界和安全种植区边界

根据大豆种植区划分指标,将大豆早熟种植区、中熟种植区和晚熟种植区的北界作为大豆潜在种植区边界,将大豆早熟种植区、中熟种植区和晚熟种植区≥10 ℃活动积温80%保证率北界作为大豆安全种植区边界。≥10 ℃活动积温和≥10 ℃活动积温80%保证率采用重现期统计方法,以 30 a 为一个统计周期,由于气象资料年代较短,年代划分采用 30 a 滑动方法,分别划分为 1961—1990、1971—2000、1981—2010、1991—2020 年。

6.2.7　田间试验方法

6.2.7.1　供试品种选择

在扎兰屯市大河湾试验基地开展大豆分期播种试验,选择品种时首先考虑品种所需≥10 ℃活动积温,兼顾考虑产量和品质。分别选择 1 个高蛋白大豆品种"蒙豆-13"(粗蛋白 43.84%)、1 个高油品种"蒙豆-12"(粗脂肪 22.88%)、1 个兼用型高产品种"蒙豆-15"(粗蛋白 40.14%、粗脂肪 20.61%),供试大豆品种见表 6.1。

表 6.1　供试大豆品种

品种名称	品种类型	出苗—成熟期天数/d	品种≥10 ℃活动积温/(℃·d)	粗蛋白含量/%	粗脂肪含量/%	百粒重/g
蒙豆-13	高蛋白	118	>2300	43.84	19.27	20
蒙豆-12	高脂肪	115	2200~2300	36.58	22.88	20
蒙豆-15	兼用型	114	2200~2400	40.14	20.61	24

6.2.7.2　试验设计

为了进一步深入研究不同气候条件对大豆生长发育和产量形成的影响差异,在扎兰屯市大河湾试验基地开展大豆分期播种试验。试验选定大豆主产区扎兰屯市主栽品种 3 个,以 10 d 为一间隔分 5 期进行。以 5 月 15 日为正常播期,4 月 25 日、5 月 5 日分别比正常播期早播 10 d 和 20 d,5 月 25 日和 6 月 5 日分别比正常播期晚播 10 d 和 20 d,每个播期 3 次重复。小区采用随机区组设计,用 A~E 分别表示第一到第五播种期,下标 1、2、3 分别代表 3 个重复(表 6.2)。采用当地常规种植方式和大田管理方式(垄作方式,垄距 65 cm,陇上两行,株距 5 cm,每米大约需要 23 粒大豆,每亩地需要 8~10 斤种子),一共 45 个试验小区,每个试验小区面积 36 m²(9 m×4 m)。小区和小区之间间隔 0.5 m,试验地周围设置隔离带,便于观测取样。各小区栽培管理措施一致,播种、中耕、除草、施肥、灌溉等耕作管理措施应尽量与大田保持一致。观测项目包括不同发育期高度、密度、分枝数、株结实粒数、株籽粒重、茎秆重、籽粒与茎秆比等,收获后测定产量和品质。

表 6.2　大豆分期播种试验设计

播种日期	重复	备注
4 月 25 日 (A)	A₁	
	A₂	早播 10 d
	A₃	

续表

播种日期	重复	备注
5 月 5 日 （B）	B₁ B₂ B₃	早播 20 d
5 月 15 日 （C）	C₁ C₂ C₃	正常播期
5 月 25 日 （D）	D₁ D₂ D₃	晚播 10 d
6 月 5 日 （E）	E₁ E₂ E₃	晚播 20 d

6.3　技术路线

采用历史数据和分期播种试验相结合的方法,在充分分析大兴安岭东南麓区域气候变化规律基础上,通过识别和分析气候变化规律与大豆生产要素、发育期、潜在种植布局和安全种植边界的关系,阐明区域气候变化规律,揭示气候变化背景下大豆发育期、潜在种植布局、安全种植边界等变化特征,提出气候变化背景下内蒙古自治区大豆优化布局方案和适应措施。

6.4　气候变化对大豆发育期的影响

6.4.1　大豆发育期变化特征

以每年的 1 月 1 日为日序 1,将大豆发育期转化为日序。基于 1989—2020 年扎兰屯市国家级大豆农业气象观测资料,统计大豆各发育期多年平均日序(表 6.3)。结果表明,大豆平均 5 月上、中旬开始播种,5 月下旬到 6 月上旬出苗,6 月中旬进入三真叶期,7 月上旬到 8 月上旬完成分枝、开花、结荚,8 月中、下旬进入鼓粒期,9 月中、下旬前后进入成熟期。大豆全生育期平均日序为 133～267。日序的趋势变率 b 满足 $|b| \leqslant 0.1$,定义为日序随时间推移不变;$0.1 < |b| \leqslant 0.5$ 定义为日序随时间推移略增大/减小;$0.5 < |b| \leqslant 1.0$ 定义为日序随时间推移明显增大/减小;$|b| > 1.0$ 定义为日序随时间推移明

显增大/减小。

表 6.3　大豆发育期日序变化特征

	播种期	出苗期	分枝期	开花期	鼓粒期	成熟期
日序平均	133	151	184	201	242	267
趋势变率	略增大	不变	不变	略减小	不变	略减小

　　大豆各生育期日序的趋势变率略增大、明显增大、极明显增大分别表示生育期略推迟、明显推迟、极明显推迟;大豆日序的趋势变率略减小、明显减小、极明显减小分别表示生育期略提前、明显提前、极明显提前。1989 年以来,播种期略推迟 2～3 d,出苗至分枝期和鼓粒期基本不变,开花期和成熟期略提前 2～3 d,均通过 0.01 的显著性检验。近 30年,大豆播种日期的早晚与农事习惯有关,大豆发育期整体呈现播种期推迟、开花和成熟期提前的趋势。

6.4.2　大豆发育期间隔日数及全生育期日数变化特征

　　大豆全生育期日数在 120～146 d,平均为 134 d,总体呈逐年递减趋势,且递减速度为 3 d/(10 a)(通过 0.05 的显著性检验)(图 6.1);各生育期除开花—鼓粒期日数以 3～4 d/(10 a)(通过 0.01 的显著性检验)的速度增加外,其他生育期日数以 2～3 d/(10 a)(通过 0.05 的显著性检验)的速度减少。2010 年为大豆生育期日数明显变化的分界线,2010 年之前,大豆全生育期日数平均为 137 d,以 5～6 d/(10 a)(通过 0.05 的显著性检验)的速度减少,与大豆播种期推迟、成熟期提前的结论一致;2010 年之后,全生育期平均日数以 20 d/(10 a)的速度增加(通过 0.001 的显著性检验),可能与更换大豆品种有关。

图 6.1　1989—2020 年大豆全生育期日数变化

6.4.3　大豆发育期年代变化特征

　　划分 1989—2000 年、2001—2010 年、2011—2020 年三个年代,统计大豆发育期日序年代变化特征和发育期间隔日数年代变化特征(表 6.4)。结果表明,各年代播种期分别推迟 4 d 和 2 d,呈逐渐推迟趋势,出苗期和分枝期基本无变化,开花期分别推迟 4 d 和提前 8 d,出现较明显的先推迟后提前的变化特征,鼓粒期分别推迟 3 d 和提前 2 d,具有先推迟后提前的变化特征,成熟期分别提前 2 d 和 3 d,呈逐渐提前趋势。大豆播种期推迟趋势明显,成熟期提前趋势明显。

表 6.4　大豆发育期日序年代变化特征

	播种期	出苗期	分枝期	开花期	鼓粒期	成熟期
1989—2000 年	130	150	184	201	241	269
2001—2010 年	134	152	185	205	244	267
2011—2020 年	136	152	184	197	242	264
2001—2010 年与 1989—2000 年相比/d	+4	+2	+1	+4	+3	−2
2011—2020 年与 2001—2010 年/d 相比	+2	0	−1	−8	−2	−3

注:"—"表示缩短,"+"表示延长,下同。

大豆发育期间隔日数年代变化特征(表 6.5)表明,播种—出苗期间隔日数分别减少 3 d 和 1 d,呈逐渐缩短趋势,出苗—分枝期间隔日数不变和减少 2 d,分枝—开花期间隔日数分别增加 2 d 和减少 6 d,除开花—鼓粒期间隔日数呈"两头多中间少"且呈增加趋势,鼓粒—成熟期间隔日数分别减少 5 d 和 1 d,呈逐渐缩短趋势。1989—2020 年大豆全生育期日数由 139 d 减少到 129 d,30 a 间平均减少 10 d,全生育期间隔日数分别减少 6 d 和 4 d,呈逐渐缩短趋势。

表 6.5　大豆发育期间隔日数年代变化特征　　　　　　　单位:d

	播种—出苗	出苗—分枝	分枝—开花	开花—鼓粒	鼓粒—成熟	全生育期
1989—2000 年	21	34	17	40	28	139
2001—2010 年	18	34	19	39	23	133
2011—2020 年	17	32	13	45	22	129
2001—2010 年与 1989—2000 年相比	−3	0	+2	−1	−5	−6
2011—2020 年与 2001—2010 年相比	−1	−2	−6	+6	−1	−4

6.4.4　分期播种试验数据分析

2020 年在扎兰屯市开展 3 个品种、5 个播期的分期播种试验。以 10 d 为一间隔分 5 期进行,播种期分别为 4 月 25 日、5 月 5 日、5 月 15 日、5 月 25 日、6 月 5 日,每个播期 3 次重复。结果(表 6.6)表明,随着播期的推迟,温度逐渐升高,大豆发育速度加快,尤其是在大豆营养生长阶段即播种—分枝阶段发育间隔明显缩短,分枝—结荚缩短不明显,而结荚—鼓粒期间隔反而呈延长趋势,播种—成熟全生育期明显缩短。播期 5 与播期 1 相比,大豆播种—出苗缩短 11 d,出苗—分枝缩短 11 d,分枝—开花—结荚缩短 4 d,结荚—鼓粒延长 10 d,鼓粒—成熟缩短 9 d,全生育期缩短 25 d。试验结果与历年发育期分析结果相一致。

表 6.6 蒙豆-12 发育期间隔日数试验结果 单位:d

	播种—出苗	出苗—三真叶	三真叶—分枝	分枝—开花	开花—结荚	结荚—鼓粒	鼓粒—成熟	播种—成熟
播期 1	19	11	28	7	11	22	44	141
播期 2	14	13	26	7	13	22	46	141
播期 3	12	11	25	6	12	23	46	134
播期 4	8	9	24	5	13	32	34	125
播期 5	8	7	21	5	9	32	35	116
播期 5 与播期 1 相比	−11	−4	−7	−2	−2	+10	−9	−25

6.4.5 大豆发育期与气象条件的关系及其响应

6.4.5.1 大豆全生育期数与气象条件的关系及其响应

大豆全生育期的平均气温、最高气温、最低气温、降水量、日照时数等气象因子与大豆全生育期日数的相关分析结果(表 6.7)表明,大豆生育期日数与生育期内平均气温、最高气温、最低气温呈极显著负相关,也是影响大豆生育期日数的主导气象因子,降水量和日照时数与全生育期日数呈正相关,但相关不显著。说明随着温度的升高,大豆生长发育速度加快,生育期缩短。其中,最低气温对大豆全生育期影响最大,其次为平均气温和最高气温,降水量和日照时数增加延长大豆生育期。

表 6.7 大豆全生育期日数与气象要素的相关系数

平均气温	最高气温	最低气温	降水量	日照时数
−0.693 **	−0.595 **	−0.846 **	0.140	0.296

注:"* *"表示通过 0.01 的显著性检验。

大豆全生育期日数与主导气象因子的响应关系(图 6.2)表明,平均气温每升高 1 ℃,全生育期日数减少 5 d/a,最低气温每升高 1 ℃,全生育期日数减少 7 d/a。

6.4.5.2 大豆发育期间隔日数与气象条件的关系及其响应

大豆发育期间隔日数与平均气温、最高气温、最低气温、日照时数等气象因子的相关分析结果(表 6.8)显示,大豆播种—出苗期日数与日照时数呈显著正相关,相关系数达0.703,与其他气象要素相关不显著,大豆播种后日照充足十分有利于其发芽出苗。出苗—分枝期日数与平均气温和最高气温呈负相关,其中与最高气温达极显著负相关,气

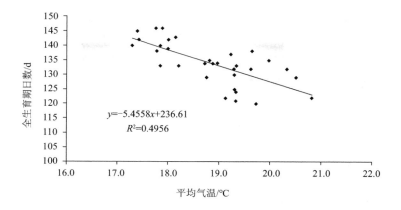

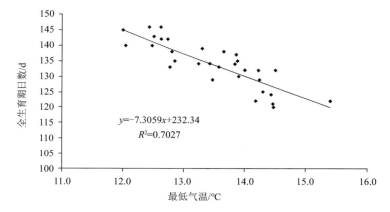

图 6.2　大豆全生育期日数与主导气象因子的关系

温高抑制其分枝生长。出苗—分枝期日数与降水量和日照时数均呈极显著正相关,充足的日照和降水有利于其形成建壮苗。分枝—开花期日数与日照时数呈极显著正相关。开花—鼓粒期属需水旺盛期,要求土壤含水量在 $70\%\sim80\%$,其生长日数与降水量呈显著正相关。鼓粒—成熟期日数与降水量和日照时数呈极显著正相关,较强的光合效率和充足的水分供应最重要,可促进大豆成熟。

表 6.8　大豆各生育期日数与气象要素的相关系数

	平均气温	最高气温	最低气温	降水量	日照时数
播种—出苗期	−0.232	−0.217	−0.260	0.147	0.703**
出苗—分枝期	−0.356*	−0.449**	−0.095	0.728**	0.511**
分枝—开花期	−0.177	−0.155	−0.206	0.248	0.693**
开花—鼓粒期	0.005	−0.115	0.232	0.438*	0.319
鼓粒—成熟期	−0.008	−0.093	0.059	0.465**	0.629**

注:"**"表示通过 0.01 的显著性检验,"*"表示通过 0.05 的显著性检验。

　　大豆各生育期间隔日数与主导气象因子的响应关系表明,播种—出苗期日照时数每增加 100 h,生育期日数增加 5.5 d;出苗—分枝期降水量每增加 10 mm,生育期日数增加0.6 d(图 6.3);分枝—开花期日照时数每增加 100 h,生育期日数增加 6.4 d;鼓粒—成熟期日照时数每增加 100 h,生育期日数增加 5.6 d(图 6.4)。

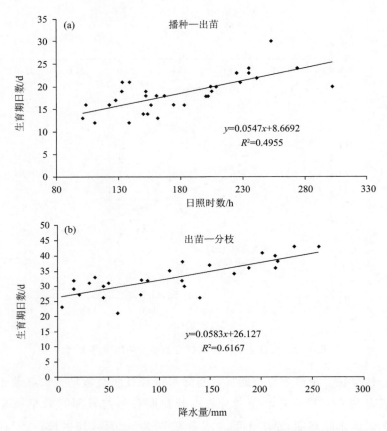

图 6.3　大豆生育期间隔日数与日照时数(a)和降水量(b)的关系

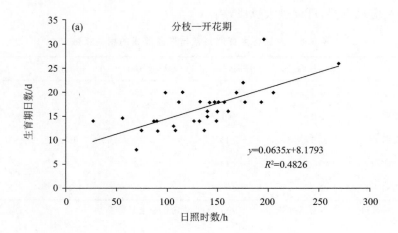

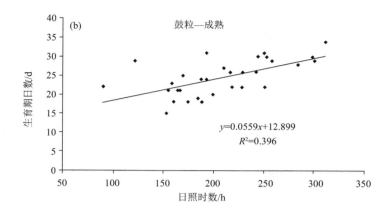

图 6.4　大豆生育期间隔日数与日照时数的关系
（a. 分枝—开花;b. 鼓粒—成熟）

6.5　气候变化对大豆主产区种植面积和种植边界的影响

6.5.1　大豆种植面积变化特征

　　分别以≥10 ℃活动积温和≥10 ℃活动积温 80％保证率为指标,划分大豆潜在种植区和安全种植区。

6.5.1.1　大豆潜在种植区面积变化特征

　　≥10 ℃活动积温≤1900 ℃·d 的地区为不可种植区,1900～2300 ℃·d 为早熟种植区,2300～2600 ℃·d 为中熟种植区,＞2600 ℃·d 为晚熟种植区。分别统计大豆早熟种植区、中熟种植区、晚熟种植区和不可种植区潜在种植面积变化特征(表 6.9)。结果表明,1991—2019 年与 1961—1990 年相比,大豆潜在种植区面积发生了较大变化,均表现出明显的面积增加趋势,尤其是晚熟种植区面积增加趋势更加明显。

表 6.9　大豆潜在种植区面积年代变化特征　　　　　　　　单位:km²

	不可种植区	早熟种植区	中熟种植区	晚熟种植区	可种植区
1971—2000 年	−4556.1	1538.9	341.0	2676.2	4556.1
1981—2010 年	−14165.6	3041.1	1025.4	10099.1	14165.6
1991—2019 年	−8473.3	−1451.7	1426.3	8498.8	8473.3
1991—2019 年与 1961—1990 年相比	−27195.0	3128.3	2792.6	21274.1	27195.0

注:正数代表增加,负数代表减少,下同。

　　大豆潜在种植区面积累计增加 27195.0 km²,其中,晚熟种植区面积增加最多,为 21274.1 km²,其次是早熟种植区,面积增加 3128.3 km²,中熟种植区面积增加最少,为

2792.6 km^2。从年代变化来看,种植区面积以 1981—2010 年增加幅度最大,为 14165.6 km^2,其次是 1991—2019 年增加 8473.3 km^2,增加最少的是 1971—2000 年,为 4556.1 km^2(图 6.5)。不可种植区面积呈相应的减少趋势。

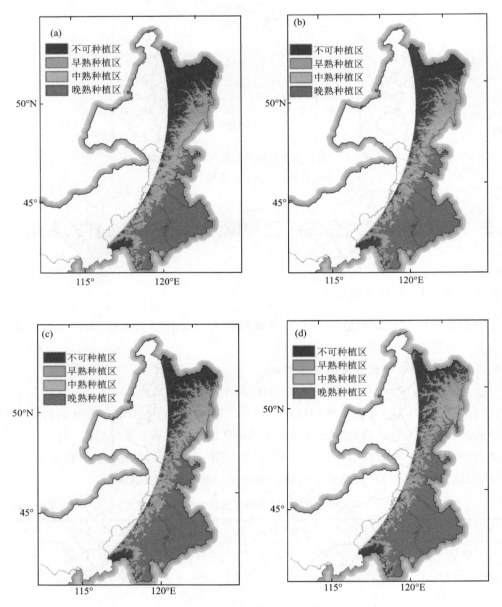

图 6.5　大豆潜在种植区面积变化

(a. 1961—1990 年;b. 1971—2000 年;c. 1981—2010 年;d. 1991—2019 年)

从地区分布来看,1991—2019 年与 1961—1990 年相比,大豆潜在种植区面积增加区域主要分布在呼伦贝尔市、兴安盟和通辽市,赤峰市潜在种植区面积呈减少趋势(表 6.10)。其中,呼伦贝尔市面积增加最多,为 27419.1 km^2;其次是兴安盟,增加 1057.9 km^2;

通辽市增加 156.9 km²；赤峰市减少 1438.9 km²。呼伦贝尔市早、中、晚熟种植区面积均呈增加趋势，以早、中熟种植区面积增加居多；兴安盟、通辽市和赤峰市晚熟种植区面积呈增加趋势，早、中熟种植区面积呈减少趋势。20 世纪 90 年代以来，中、晚熟种植区面积的扩大可能是早熟种植区面积减少的原因之一。

表 6.10　各盟(市)大豆潜在种植区面积变化特征　　　　　　　单位：km²

	可种植区	早熟种植区	中熟种植区	晚熟种植区
呼伦贝尔市	27419.1	9296.7	10082.2	8040.1
兴安盟	1057.9	−3374.9	−4541.3	8974.0
通辽市	156.9	−833.7	−351.2	1341.9
赤峰市	−1438.9	−1959.8	−2397.2	2918.1
1991—2019 年与 1961—1990 年相比	27195.0	3128.3	2792.6	21274.1

6.5.1.2　大豆安全种植区面积变化特征

分别以早熟种植区、中熟种植区和晚熟种植区≥10 ℃活动积温 80% 保证率作为早熟种植区、中熟种植区和晚熟种植区的安全种植区，分别统计大豆早、中、晚熟安全种植区和不可种植区面积变化特征(表 6.11)。结果表明，1991—2019 年与 1961—1990 年相比，大豆安全种植区面积也呈增加趋势，但增加的幅度小于潜在种植区面积。

表 6.11　大豆安全种植区面积变化特征　　　　　　　单位：km²

	不可种植区	早熟种植区	中熟种植区	晚熟种植区	可种植区
1971—2000 年	993	208	−271	−949	−993
1981—2010 年	−11932	2864	1298	7752	11932
1991—2019 年	−11660	3706	−185	8148	11660
1991—2019 年与 1961—1990 年相比	−22599	6807	841	14951	22599

大豆晚熟安全种植区面积增加最多，为 14951 km²；其次是早熟安全种植区，面积增加 6807 km²；中熟安全种植区面积增加最少，为 841 km²。从年代变化来看，安全种植区面积以 1981—2010 年增加幅度最大，为 11932 km²；其次是 1991—2019 年，增加 11660 km²；1971—2000 年减少 993 km²(图 6.6)，与潜在种植区面积年代变化特征一致。

从地区分布来看，高纬度地区(呼伦贝尔市)种植区面积增加最多，随着纬度的降低，可种植区面积增加幅度逐渐减小甚至呈下降趋势。1991—2019 年与 1961—1990 年相比，大豆安全种植区面积增加区域主要分布在呼伦贝尔市、兴安盟和通辽市，赤峰市安全种植区面积呈减少趋势(表 6.12)。其中，呼伦贝尔市面积增加最多，为 23318 km²，其次是兴安盟增加 1286 km²，通辽市增加 80 km²，赤峰市减少 2085 km²。呼伦贝尔市早、中、晚熟安全种植区面积均呈增加趋势，以早、中熟种植区面积增加居多；兴安盟、通辽市和赤峰市晚熟种植区面积呈增加趋势，早、中熟种植区面积呈减少趋势。20 世纪 90 年代以来，中、晚熟种植区面积的扩大可能是早熟种植区面积减少的原因之一。

表 6.12 各盟(市)大豆安全种植区面积变化特征　　　　　　　　单位:km²

	可种植区	早熟种植区	中熟种植区	晚熟种植区
呼伦贝尔市	23318	12255	9115	1948
兴安盟	1286	−3003	−5807	10097
通辽市	80	−663	−322	1064
赤峰市	−2085	−1782	−2144	1842
1991—2019 年与 1961—1990 年相比	22599	6807	841	14951

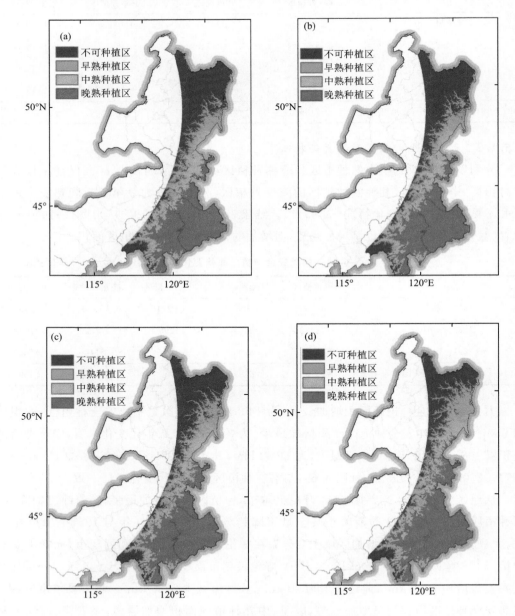

图 6.6 大豆安全种植区面积变化

(a. 1961—1990 年;b. 1971—2000 年;c. 1981—2010 年;d. 1991—2019 年)

大豆安全种植区呈东北—西南方向的带状分布,随着年代变化,种植区整体呈向北移动趋势,种植面积呈扩大趋势。受气候变暖影响,过去因热量不足不能种植大豆的部分地区能够种植早熟大豆,增加了大豆种植面积;过去只能种植早熟品种的地方现在可以种植中熟甚至晚熟品种,过去只能种植中熟品种的地方现在可以种植晚熟品种,有利于提高大豆单产。无论是增加大豆面积或是增加单产,在国家提高大豆产能的战略背景下,都是利好。

6.5.2　大豆种植边界变化特征

将大豆种植区≥10 ℃活动积温和≥10 ℃活动积温80％保证率的界限分别作为潜在种植区边界和安全种植区边界,由于内蒙古自治区大豆主要分布在大兴安岭东南麓,重点分析大豆种植区北界和西界的变化特征。

6.5.2.1　大豆潜在种植区边界变化特征

大豆种植区呈东北—西南方向的带状分布,随着气候变暖,大豆种植带整体呈向北扩展趋势,大豆潜在种植区边界均表现出明显的向北移动趋势,西界呈东西方向摆动(表6.13),边界海拔高度呈升高趋势。

表 6.13　大豆潜在种植区边界变化特征

	早熟区		中熟区		晚熟区	
	北界(N)	西界(E)	北界(N)	西界(E)	北界(N)	西界(E)
1961—1990 年	50.585°	116.587°	49.049°	117.186°	47.207°	117.626°
1971—2000 年	50.757°	116.704°	49.219°	117.183°	47.982°	117.594°
1981—2010 年	51.111°	116.619°	49.870°	117.174°	48.632°	117.487°
1991—2019 年	51.496°	116.722°	50.498°	117.186°	49.224°	117.486°
1991—2019 年与 1961—1990 年相比	0.911°	−0.135°	1.449°	0.0	2.017°	0.140°

注:正数表示向北、向西移动,负数表示向南、向东移动,下同。

表 6.13 说明,1991—2019 年,各种植区北界已经北移至 49.224°～51.496°N(49°13′26″～51°29′46″N),与 1961—1990 年相比,各种植区北界向北移动 0.911°～2.017°(101.2～224.1 km),西界呈东西方向摆动。其中,晚熟种植区移动距离最大,北界向北移动 2.017°(224.1 km),西界向西移动 0.140°(11.3 km);其次是中熟种植区,北界向北移动 1.449°(161 km),西界无变化;移动距离最小的是早熟种植区,北界向北移动 0.911°(101.2 km),西界向东移动 0.135°(10.8 km)。

1991—2019 年与 1961—1990 年相比,大豆早熟种植区的北界已经由呼伦贝尔市鄂伦春自治旗乌鲁布铁镇北部—诺敏镇中部一线北移西扩至鄂伦春自治旗托扎敏乡和阿里河镇中部一线(图 6.7a);中熟种植区的北界已经由阿荣旗复兴镇—亚东镇东南部一线北移西扩至鄂伦春自治旗乌鲁布铁镇中部(图 6.7b);晚熟种植区的北界已经由兴安盟扎赉特旗北部北移西扩至呼伦贝尔市莫力达瓦达斡尔族自治旗东南部(图 6.7c)。

　　随着边界的北移西扩,海拔高度也呈升高趋势。早熟种植区北界的海拔平均升高177 m,中熟种植区北界升高 133 m,晚熟种植区北界升高 103 m。

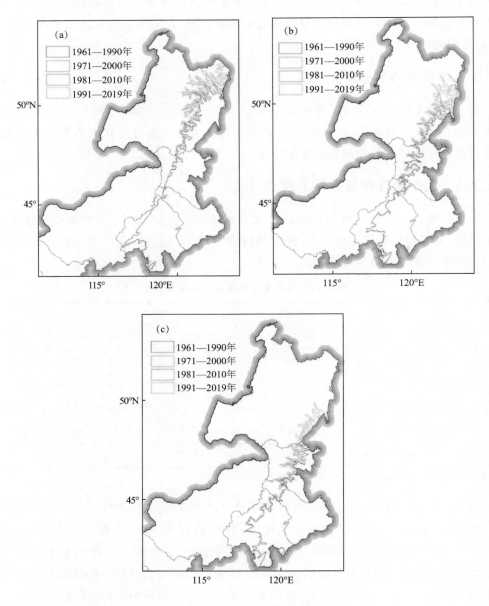

图 6.7　大豆潜在种植区种植边界变化

(a. 早熟;b. 中熟;c. 晚熟)

6.5.2.2　大豆安全种植区边界变化特征

大豆安全种植区亦呈东北—西南方向的带状分布,随着气候变暖,大豆种植带整体呈向北移动趋势,大豆安全种植边界均表现出一致性向北、向西移动趋势(表 6.14)。1991—2019 年,各种植区安全北界已经北移至 48.401°~51.049°N(48°24′4″~51°2′56″N),与 1961—1990 年相比,各种植区安全北界向北移动 0.911°~1.373°(101.2~152.5 km),西界向西移动 0.033°~0.163°(2.7~13.1 km)。其中,晚熟种植区移动距离最大,北界向北移动 1.373°(152.5 km),西界向西移动 0.163°(13.1 km);其次是中熟种植区,北界向北移动 1.322°(146.9 km),西界向西移动 0.033°(2.6 km);移动距离最小的是早熟种植区,北界向北移动 0.911°(101.2 km),西界向西移动 0.033°(2.7 km)。

表 6.14　安全种植边界变化特征

	早熟区		中熟区		晚熟区	
	北界(N)	西界(E)	北界(N)	西界(E)	北界(N)	西界(E)
1961—1990 年	50.138°	117.065°	48.397°	117.384°	47.028°	117.933°
1971—2000 年	50.263°	117.034°	48.447°	117.457°	47.068°	117.984°
1981—2010 年	50.685°	116.940°	49.208°	117.321°	47.221°	117.902°
1991—2019 年	51.049°	117.032°	49.719°	117.351°	48.401°	117.770°
1991—2019 年与 1961—1990 年相比	0.911°	0.033°	1.322°	0.033°	1.373°	0.163°

相比潜在种植区北界的移动距离,安全种植区北界移动距离较小,安全种植区边界更具有稳定性。1991—2019 年与 1961—1990 年相比,大豆早熟安全种植区北界已经由鄂伦春自治旗诺敏镇东部—乌鲁布铁镇东南部一线北移西扩至诺敏镇中西部—阿里河镇中南部一线(图 6.8a);中熟安全种植区北界已经由扎兰屯市蘑菇气镇东南部—阿荣旗霍尔奇镇南部一线北移西扩至扎兰屯市萨马街中部—鄂伦春自治旗宜里镇中部(图 6.8b);晚熟安全种植区北界已经由兴安盟扎赉特旗东部北移西扩至扎兰屯市东南部(图 6.8c)。各种植区均呈现出明显的北移西扩趋势,北移趋势更加明显。早熟种植区安全北界升高 112 m,中熟区安全北界升高 153 m,晚熟区安全北界升高 172 m。

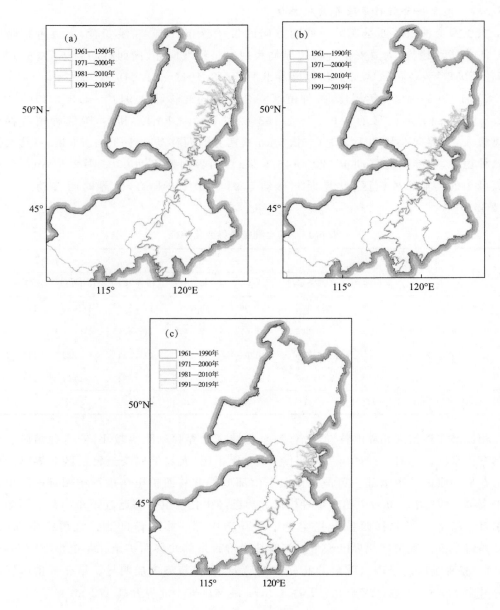

图 6.8　大豆安全种植区种植边界变化

（a. 早熟；b. 中熟；c. 晚熟）

参考文献

盖钧镒,汪越胜,2001. 中国大豆品种生态区域划分的研究[J]. 中国农业科学,34(2):139-145.

顾万龙,姬兴杰,朱业玉,2012. 河南省冬小麦晚霜冻害风险区划[J]. 灾害学,27(3):33-44.

何永坤,郭建平,2011. 1961—2006 年东北地区农业气候资源变化特征[J]. 自然资源学报,26(7):
    1199-1208.

黄璜,1996. 中国红黄壤地区作物生产的气候生态适应性研究[J]. 自然源学报,11(4):340-346.

姜丽霞,李帅,李秀芬,等,2011. 黑龙江省近三十年气候变化对大豆发育和产量的影响[J]. 大豆科学,
    30(6):921-926.

金林雪,唐红艳,武荣盛,等,2020. 内蒙古大豆干旱灾害风险分析与区划[J]. 中国农业科技导报,22
    (1):106-115.

勒雅霍夫 M E,孙榮先,1957. 十九和二十世纪苏联欧洲部分的气候变化[J]. 地理科学进展(2):
    115-121.

李红英,张晓煜,曹宁,等,2013. 宁夏霜冻致灾因子指标特征及危险性分析[J]. 中国农业气象,34(4):
    474-479.

李红英,张晓煜,曹宁,等,2014. 基于 GIS 的宁夏晚霜冻害风险评估与区划[J]. 自然灾害学报,23(1):
    167-173.

李世奎,霍治国,王道龙,等,1999. 中国农业灾害风险评价与对策[M]. 北京:气象出版社.

李雪巍,王小平,朱铁栓,等,2008. 赤峰市大豆与荞麦种植气候区划[J]. 内蒙古农业科技(4):80-81.

李正国,杨鹏,唐华俊,等,2011. 气候变化背景下东北三省主要作物典型物候期变化趋势分析[J]. 中国
    农业科学,44(20):4180-4189.

梁荣欣,沈能展,1989. 黑龙江省大豆种植水分适宜度的研究[J]. 东北农学院学报,20(4):327-334.

刘玉英,石大明,胡轶鑫,等,2013. 吉林省农业气象干旱灾害的风险分析及区划[J]. 生态学杂志,32
    (6):1518-1524.

刘志娟,杨晓光,王文峰,等,2009. 气候变化背景下我国东北三省农业气候资源变化特征[J]. 应用生态
    学报,20(9):2199-2206.

马树庆,1994a. 气候变化对吉林省粮食产量的模拟研究[J]. 自然资源(1):34-40.

马树庆,1994b. 我省发展大豆生产的农业气候条件及主产区划分[J]. 吉林农业科学(4):90-94.

潘铁夫,张德荣,张文广,等,1982. 东北地区大豆气候生态的研究[J]. 吉林农业科学(2):17-28.

庞万才,王民,牛宝亮,等,2004. 内蒙古兴安盟农牧业气候资源与区划[M]. 北京:气象出版社.

宋迎波,王建林,杨霏云,2006. 粮食安全气象服务[M]. 北京:气象出版社.

孙建军,成颖,2005. 定量分析方法[M]. 南京:南京大学出版社.

唐红艳,梁锋,么文,2009a. 乌兰浩特市近 56 年热量资源变化特征及其影响[J]. 中国农业气象,30(增

刊2):189-192.

唐红艳,牛宝亮,2009b. 基于GIS技术的内蒙古兴安盟春玉米种植气候区划[J]. 中国农学通报,25
　　(23):447-450.

唐红艳,牛宝亮,2010. 基于GIS技术的马铃薯种植气候区划[J]. 干旱地区农业研究,28(4):158-162.

王晾晾,杨晓强,李帅,等,2012. 东北地区水稻霜冻灾害风险评估与区划[J]. 气象与环境学报,28(5):
　　40-45.

王莹,张晓月,焦敏,等,2016. 基于GIS的辽宁省大豆种植气候区划[J]. 贵州农业科学,44(11):
　　163-166.

魏瑞江,张文宗,康西言,等,2007. 河北省冬小麦气候适宜度动态模型的建立及应用[J]. 干旱地区农业
　　研究,25(6):5-15.

魏云山,曹磊,王会才,等,2011. 内蒙古东部地区大豆种植区划及育种目标分析[J]. 内蒙古农业科技
　　(2):13-14.

乌兰,党志成,等,2018. 内蒙古公共气象服务与管理丛书——农牧业气象服务与管理[M]. 北京:气象
　　出版社.

袭祝香,马树庆,2003. 东北区低温冷害风险评估及区划[J]. 自然灾害学报,12(2):98-102.

薛昌颖,张弘,刘荣花,等,2016. 黄淮海地区夏玉米生长季的干旱风险[J]. 应用生态学报,27(5):
　　1521-1529.

杨平,张丽娟,赵艳霞,等,2015. 黄淮海地区夏玉米干旱风险评估与区划[J]. 中国生态农业学报,23
　　(1):110-118.

杨显峰,杨德光,汤艳辉,等,2010. 黑龙江省年有效积温变化趋势和大豆温度生态适宜性种植区划[J].
　　作物杂志(2):62-65.

杨晓光,李勇,代姝玮,等,2011. 气候变化背景下中国农业气候资源变化Ⅸ:中国农业气候资源时空变
　　化特征[J]. 应用生态学报,22(12):3177-3188.

杨晓强,张立群,李帅,等,2013.1980—2008年黑龙江省气候变暖及其对大豆种植的影响[J]. 气象与环
　　境学报,29(2):96-100.

叶笃正,1986. 人类活动引起的全球性气候变化及其对我国自然、生态、经济和社会发展的可能影响
　　[J]. 中国科学院院刊(2):112-120.

张厚瑄,张翼,1994. 中国活动积温对气候变暖的响应[J]. 地理学报,49(1):27-35.

张继权,严登华,王春乙,等,2012. 辽西北地区农业干旱灾害风险评价与风险区划研究[J]. 防灾减灾工
　　程学报,32(3):300-306.

张家诚,朱明道,张先恭,1974. 我国气候变迁的初步探讨[J]. 科学通报(3):168-175.

张燕飞,2018. 基于AHP的最佳采场结构参数确定[J]. 中国资源综合利用,36(12):182-185.

章基嘉,徐祥德,苗峻峰,1993. 气候变化对中国农业生产光温条件的影响[J]. 中国农业气象,14(2):11-16.

赵俊芳,穆佳,郭建平,2015. 近50年东北地区≥10℃农业热量资源对气候变化的响应[J]. 自然灾害
　　学报,24(3):190-198.

赵映慧,郭晶鹏,毛克彪,等,2017.1949—2015年中国典型自然灾害及粮食灾损特征[J]. 地理学报,
　　72(7):1261-1276.

中国气象局,2008. 作物霜冻害等级:QX/T88—2008[S]. 北京:气象出版社.

朱琳,叶殿秀,陈建文,等,2012. 陕西省冬小麦干旱风险分析及区划[J]. 应用气象学报,13(2):201-206.